心的栖止木

ココロの止まり木

[日]河合隼雄 著

赖明珠 译

北京联合出版公司
Beijing United Publishing Co.,Ltd.

日日是好日

张日昇
北京师范大学心理学部教授、博士生导师

河合隼雄先生是将箱庭疗法引入日本并为之命名的第一人，也是我的心理督导老师。1998 年 10 月 8 日，几经周转有机会正式拜会时任日本国际文化研究中心所长的河合先生。当时的情景，在河合先生为拙著《箱庭疗法》所作的序里可见："当时我们进行了相当长时间的交谈，张教授学习这一疗法并打算将其介绍到中国的热情给我留下了极深的印象，至今仍记忆犹新"。

其后，在罔田康伸教授和樱井素子老师的支持下，我将箱庭疗法正式引入中国。在河合先生被任命为文化厅长官后日理万机的日子里，先生仍然答应做我的心理督导并在我需要的时候安排时间接待我。2006 年当我带着新书向先生报告时，先生满面喜悦表达祝贺之时还题字“无为而化”，并用云门文偃禅师的“日日是好日”寄语箱庭疗法在中国今后的发展。

而今，受湛庐文化之托，为河合隼雄先生《心灵晴雨图》《共鸣的灵魂》《大人的友情》《心的栖止木》心灵四书写序，仿佛时空交错，我再次接过了先生手中的接力棒，将先生对心理咨询、自我认知及体悟、人生与幸福、友谊之精髓予以传承与播撒。想起与河合先生一年一度相见的默契约定，为我和先生之间架起一座心灵沟通的桥梁。如今双手捧起这四本书，河合先生温柔清新、宽广圆融之气透过文字书香扑面而来。

《心灵晴雨图》以活泼诙谐、亲切坦诚的语言润物细无声地渗透着河合先生心理咨询的理念与思维方式，更以简明生动、深入浅出的方式分析了如何倾听、梦境分析、秘密和阴暗面的处理、自我认知与自我觉察、夫妻关系、异性友情、亲子关系等，为我们提供了丰富、具体、可操作的实现路径与方便法门。读先生的文字本身亦具有治愈效果。对每个人来说都很受用，可以说是案头卷、枕边书。河合先生提出“一直采取‘我能做到这个程度’的思维方式，人的潜力就会被开发出来”带给我们积极正向的启示。

关于倾听，“那些在‘入口处’静静站着，认真回应倾听者的话，并能够做到不追根究底，让倾诉者来去自如的人，就是那个能够很好地说出‘嗯’的人”，这也是一直以来我们所坚信的，咨询师倾听时尽可能不说少说要比说点什么更难，箱庭疗法中做个静默的陪伴者比解释分析来得更难，但这也许正是促进来访者自我表达、自我探索、自我治愈与整合的关键所在。无论如何，看到来访者积极正向的一面，进而启发挖掘这一处蕴藏的神奇力量——正是河合先生心理咨询之核心与关注点所在。

关于梦境的分析，河合先生为我们提供了很多线索，比如多种类型的梦、读梦的方法、与人或物邂逅的缘分等等，还贴心地告诉读者对待自己的梦也要如同对待秘密一样认真，在跟人讲述自己的梦的时候，也要有选择地寻找对象。真是无处不在无微不至的关怀心。我不主张自己分析自己的梦，如同自己不要去制作箱庭一样。在这一点上，河合先生也是赞成我的观点的。同时，他还为我们发出善意的忠告，“一个人的人生经历，能够对别人的人生发挥作用的部分，简直是微乎其微”……

《共鸣的灵魂》以“戴上‘幸福的眼镜’”“品味微妙的人生”“人活在各种关系中”“幸福不是一帆风顺”四部分，探讨了读者都会关心的问题：“幸福是什么”以及“如何才能得到幸福”。将河合先生的所见所闻、读书所感“以轻松的方式直接或间接地与幸福关联在一起”，以“幸福无法计算”“共享的喜悦”“享受命运”“别再逃避”等短文告诉读者如何体验幸福。其实我们并不缺少幸福，缺少的是感受幸福的能力。在箱庭疗法中，我一直坚持“我的世界我做主”，强调来访者自身的体验和领悟，与先生的观点不谋而合。

品味微妙的人生，以品为动态，以微妙为形容，独到又贴切地道出了河合先生对待人生的哲学。以文学经典、民间传说、咨询个案以及河合先生的个人经历为引子，让读者在轻松阅读的同时感受河合先生的谆谆教诲：“或许还有另一种生活方式，那就是从一开始就不要追求‘心满意足的人生’，而是享受自己一点一点得到的东西”。我经常嘱咐学生：“创造机会，体验挫折，表扬努力，享受过程”“努力工作，准备失败”，也是意在让学生放下对完美结果的执念，在过程中获得成长和喜悦。

这本书以60个故事作为集河合先生多年阅历和智慧而

开出的“心的处方笺”，阅读时因其流畅的文风、平易的口吻、舒适的表达，仿佛同河合先生对坐品茗，听他为我们娓娓道来。对于曾经有幸和先生会面交谈的我，更有一番时光重现的感叹。

《大人的友情》针对成年人，将存在于大人错综复杂的人际关系中的友情一一剖析。前两部分讲述在同性、异性友谊中你会拥有的复杂感情和如何面对、处理这些感情；第三部分将爱情中友谊的成分提取出来，不论是在同性或异性的爱恋中，都会有友谊的成分在时间长河中沉淀下来；第四部分表述礼物对于友情的意义，最后用三个“不可思议的友情故事”让读者对友情的认知持续升华。

在咨询室中，人际关系问题是常见的困惑。因为没有朋友而感到苦恼的来访者是每个咨询师都会遇到的。河合先生在文章的开始，就带领读者转换思路，先思考一下：你认为的友情是什么？先生以一个生动的例子来表达“极够朋友”：深夜开着装有尸体的车敲门求助，都会二话不说帮忙想办法的人。这个故事极有深意：首先，并未说明就是“我”杀了人；其次，“帮忙想办法”也不等同于包庇。咨询师也会遇到同样的情况，先入为主的预设是非常伤害来访者的，在《心灵晴雨图》中河合先生也强调了倾听的重要性，听来访者诉说，以真诚的态度表达对来访者的共感理解。同样接纳也不是包庇，咨询师需要给来访者营造安全与受保护的空间，让来访者自我觉察，与来访者共同成长。

河合先生用了日本一句古语来表现人际关系：马很合，虫不喜欢。马很合、场很合、相性很合都在表达同一个意思，河合先生用精神分析的理论来说明，即两个人共有某种无意识的东西才会有“人马一体”的相性投缘的感觉。虫不喜欢表达的也是无意识里的拒绝，河合先生鼓励读者对自己的“虫”进行分析，从而认识自己。我也经常说：“喜欢的就是你的光，不喜欢的就是你的阴影”说的也是这个道理。箱庭疗法是沟通意识和无意识的桥梁，我也在想，通过制作箱庭或许可以让制作者对自己的人马一体、相性投缘的“马很合”“虫不喜欢”有更好的认识吧！当然，最关键的还是要接受，不管是自己喜欢的还是不喜欢。

在友谊中我们也时常面临这样的问题：友人有难时我哭泣，但友人成功时我却很难微笑。河合先生指出了“一心同体”的危险，这种在文学作品中被高度赞扬的友谊实际上与个体差异性相矛盾。在现实生活中我也经常会遵循

“少言他人的过失”，但有时候又很难控制自己的“爱必管教”的冲动。我总说咨询师在对来访者共感理解的同时，要保持“一只脚在岸上，一只脚在水里”，帮助人“既要有热心，还要有冷脑”的态度，也是为了防止太过与来访者同步而造成咨询师的失控，以至于会忘乎所以地去剥夺别人失败的权利。

存在于爱情中的友情，需要时间的沉淀才会逐渐显现出来。我喜欢河合先生说的：夫妻在长久相处之后，变成了“喝茶的朋友”。他将中老年的夫妻比作“喝茶的朋友”，强调一种日常性的感觉，而非戏剧性的轰轰烈烈。我母亲这些年一直在说的一句话“我也就能做一顿饭”，其实这“一顿饭”正是日积月累着的母亲的味道，而这味道正是“爱”表达。有一位母亲跟我说：“我和她爸就剩下在一口锅里吃饭的情份了”，她本来是在抱怨他们的关系中缺乏浪漫，殊不知其自身乃至家人正在享受着这样的状态。

想象一下一起喝茶的状态，首先双方此刻都没有什么需要忙的事情；有一人摆好了茶具，有一人带来了新茶；之后大家一起等待水咕嘟咕嘟地滚起来。话题可能是从这包茶叶或这盏茶杯开始的，从生活的琐碎逐渐聊到对人生的感悟，时间过得飞快。当然，也不是说高年纪的人只能做“喝茶的朋友”，河合先生以哲学家田边元和作家野上弥生子的故事告诉读者：无论是夫妇或恋人，为了永久持续保持关系，必须以友情为支柱，而且背后还要有某种断念的构图。

在《心的栖止木》中，正如河合先生所说“无论如何还是会转到自己专业领域的心理治疗方法上”一样，先生透过人生万象自然而然捕捉着对心理治疗方法的养分。书中涉猎的场景从家庭、友情到社会，情绪感受从嫉妒、紧张、忍耐到感动、幸福，思考层面从人生、选择到死亡、宗教，关注群体从孩童、青春期、中年到老年，认知感悟从原则、自我、心到神等等，细细品味，受益颇多。先生一句“与其说东道西，不如以拥有不动摇的希望来对待人，才是我们心理治疗师的最大任务”令人叹服！而这一切，正反映着先生对人怀有多深厚多广博的爱和多么持久的专注力啊！

时光易逝，十载相思不相见。然而先生醍醐灌顶划过我生命的教诲仍不绝于耳、时时回响。有言，唯有梦想和爱不能辜负。十年里，对于河合先生在最后一次谋面时寄语箱庭疗法在中国发展“日日是好日”的祝福和祈愿，我也早已将之内化于心，外化于行。作为箱庭疗法在中国的引入者、推动发展者、一心践行者，我有幸亲身经历并见证了箱庭疗法在国内的生根、发芽、开花与结果。箱庭疗法（沙盘游戏）已遍布中国各个省市自治区有条件的学校和心理咨询机构，许多大学也开设了相关课程，有越来越多热爱箱庭疗法或沙盘游戏的心理咨询师、来访者、成长者得到箱庭世界的孕育和箱庭文化的滋养。先生若在，定会倍感欣慰，眯缝着眼睛脸上露出春风拂面般的笑容吧。

再次感谢湛庐文化对河合隼雄心灵四书的出版，也向付出辛劳的译者、编辑表达敬意。也感谢读者阅读这些文字并给我这样的机会表达对河合隼雄先生的感恩之心和思念之情。

是为序！

張日昇

2017 年 9 月 6 日于北京师范大学

こころの栖止木

推荐序二

河合隼雄：唤起内心最真实的自我

蔡朝阳

独立教师，图书策划人

知道河合隼雄的名字时，他已经去世了。而我则刚是一个四岁孩子的父亲。新手父亲，经常一筹莫展。就是这个时候，我遇见了河合隼雄的著作。

介绍我知道河合隼雄的两位朋友，一个是古典文学博士，一个是儿童心理咨询师。从我做父亲的时候开始，我看着孩子的成长，时有感悟，又有很多疑问。她们俩几乎在同一时间段，不约而同地向我推荐了河合隼雄。就这样，我知道了河合隼雄，并在此后七八年间，成为不折不扣的忠实粉丝。我集齐了河合隼雄每一本翻译成简体中文的书，用我在另一个文章里描写我读河合隼雄著作的话来说，叫做“堆而读之，不亦快哉”，现在看来，近年来，对我的儿童观、教育观，甚至自我认识、自我觉醒影响最大的，就属河合隼雄和欧文·亚隆了。

我读过每一本已经出了简体中文版的河合隼雄著述，尽管经常具体内容不记得，但这大概就是陶渊明所谓的“不求甚解”吧。我经常充满敬畏地想，某些书籍，以及某些人之间，恐怕真的是具有一种神秘的关联的。河合隼雄先生，斯人已殁，但我在这几年读他的著作，却从来没有觉得有所隔阂。就像一直都在进行精神的对话。要是没有河合隼雄，也许，我也会和很多焦虑的家长相去无几吧。而要找像我这样，如此深广地受到河合隼雄思想恩泽的人，恐怕也难以再找到更多吧。

我们确实有很多焦虑，不管是身为成年人，还是身为家长，焦虑总是难免的。但关键是，我们又该如何去理解，并且处理自己身上的这些焦虑呢？河合隼雄像洪水肆虐中的一条方舟，几乎是拯救性地捕获了我。读河合隼雄先生的书，不仅可以让自己静下来，可以让自己心境平和，甚至，简直有疗救的作用。或者就可以用河合隼雄自己的一个书名来形容：心的栖止木。对的，就是这样，一下子，我们浮躁而焦虑的心就有了安托的地方。

从村上春树到河合隼雄

作为一个读者，我读的第一本河合隼雄的书，就是《孩子的宇宙》。而且我的两个朋友不约而同推荐的，也是这一本。但很奇怪，当时我在几大网上书店搜索，都找不到这本书。幸好有万能的淘宝，我第一次买到这本书，买的是复印本。

通过这样的路径接近河合隼雄，可能跟我文艺青年的身份不符合。因为我发现有很多文艺青年居然知道有一个日本的大智者叫河合隼雄这个事实。原因很简单，因为这些文艺青年读村上春树，而村上曾经跟河合隼雄有一次著名的对话，结集成书，叫做《村上春树，去见河合隼雄》。其实我也很喜欢村上春树，曾经写了很长的文，来讨论村上如何从纯粹的个人主义，走向普遍的人道主义。但有一点，我个人是确定的：在村上春树的这一转变中，这一次对话至关重要。很多喜欢村上春树的朋友，因为村上春树而买了这本书，却一不小心，遇见了河合隼雄这位像是浑身散发着佛光的微笑的智者，这是何等美妙的发现。

因为我父亲的身份，我一直在给孩子读绘本，于是，顺理成章地，我读到的第二本河合隼雄的著作，就是《绘本之力》。 如我所料，与松居直的对话当中，河合隼雄仍能够见人所未见，一下子把话说到最关键的所在。比如他认为，绘本是适合所有人读的一种读物，并不单单只是给孩子的读物。而且，成年人从绘本当中所获得的那种营养，往往不会少于孩子们所获得的。这一点，在我人到中年的时候，感悟越来越深。如今，我的孩子已成为理性少年，不再读绘本了。可是，我这个因为孩子而读绘本的爸爸，却成了个绘本爸爸而不能自拔。在阅读绘本的过程中，我得到的远不止感动，甚至，得到了很多很多的疗愈。而这些，河合隼雄，他早已料见。就像他在《孩子的宇宙》中指出的那样，“我们就会明白儿童文学并不仅仅是针对孩子的，无论对于大人还是对于孩子而言，它都是有意义的文学”。

这些年中，我从初为人父，到成为一个各处自诩的“资深奶爸”，我最大的感慨不是一个阳光帅气的娃正在茁壮成长，而是，我在阅读河合隼雄的过程中，越来越看懂了自我。河合隼雄就是一位充满智慧的长者，他的洞见里有光，照亮我们身上那些曾经被自我所屏蔽的幽暗处，包括我们的善意、我们的无能，甚至我们自身的人性之黑暗，但是他始终微笑着面对你，并一直在鼓励你说，没关系，再来一次。

河合隼雄和欧文·亚隆，成为我当父亲，人近中年时的两道温暖的阳光，我沐浴在这两位智者的智慧光晕里，从而也获得了前所未有的力量。

儿童观的重塑

河合隼雄是专业的，但他没有门槛，就像界面友好的一个 App，你轻而易举就进入了河合隼雄的世界。所以河合隼雄最大的特点就是如话家常，但是这些话语里，却有着基于常识而又高于常识的见解。这些见解当然来自他的理论素养，也来自他的临床观察。所以我们在读河合隼雄时，经常就会一拍大腿，叫到：正是如此。我也读过一点荣格，河合隼雄和荣格给我截然不同的感受。荣格也令人沉迷，而河合隼雄则令人明白。尤其是，河合隼雄的很多建议，是可以直接拿来用的，解决了很多为人父母者的燃眉之急。其中最有趣的是一本《实用教子秘诀 48 条》，真的很实用，比如其中有说，不要轻易给孩子买大蛋糕，我就觉得很有道理。即便物质丰富了，但对孩子最有益的经历，不是一个大蛋糕，可能是你跟孩子一起自助动手做一个蛋糕的经历。

我曾说，河合隼雄重塑了我的儿童观。这个话并不夸张。这之前蒙台梭利对我很有影响，蒙台梭利认为儿童有一颗有吸收力的心灵，儿童身上固有的原力，是可以被我们成年人所唤醒的。我们成年人之以所从事教育就是为了让孩子们内心深处的本性得到保全并得以顺其自然。

而河合隼雄，则更加亲切，甚至以更加轻盈的姿态，以不费吹灰之力的方式，介入了我的儿童观的重塑。在读《孩子的宇宙》这本书的时候，我们可以看到，全书没有任何一句说教，却处处打动你，处处有真知灼见。当时我一读到前言，如获知己，这样的话，河合隼雄一经说出，就唤起了我内心深处极大的共鸣。《孩子的宇宙》告诉我们，孩子的世界是一个独特的世界，而这个世界其实我们每个成年人都有过，只不过，我们成年以后就忘掉了这段时间。这是一种事实，按照弗洛伊德的说法叫做儿童遗忘期，是由于儿童的记忆与成熟的记忆形式之间存在机制上的差异。

正因为河合隼雄，我才明白，在漫长的童年时代，孩子们处在一个独特的宇宙当中，我们要对这个独特的宇宙有足够的了解、足够的敬畏，同时也要对孩子有足够的耐心，我们等着孩子的自我寻找与自我发现，这样，才会等到我常说的“原力觉醒”的到来。但最可怕的事情，就是成年人以自己有知的名义，去破坏孩子的童年了。这样的事情所在多有，尤其在我们中国，像清兵卫的父亲这样的成年人无处不在，不管是身为父母，还是身为老师；不管是在家庭当中，还是在学校教育当中，我们总是以各种各样的旗号，强迫孩子们按照成人的意志行事，破坏孩子的自主自足的世界。每念及此，我都想，我们这些家长和老师都应该去读一读河合隼雄这本《孩子的宇宙》。

对教育的崭新理解

很长一段时间里，我都是一个体制内的教师，然后呢，11 年前，又成为了一个男孩子的父亲。河合隼雄不但重建了我的儿童观，并且也在教育理念的层面，给我了巨大的教益。

河合隼雄有一本书，叫做《孩子与学校》。这本书里指出了很多日本教育现状中的弊病，我读了之后却发现，这些所谓的弊病，中国教育尤甚。所以，河合隼雄开出的处方是，要让教育更为宽松，为学生真正的幸福着想，家长和老师应该有更为多样的价值观，在学校靠分数，在社会上靠金钱，用这些数字整齐划一的地进行排名，是无法判断孩子们的价值的，而是应该用各种不同的尺度来衡量他们。这些见解，照理说，我们国内的教育学者也在一再强调。但是理念上却未必有河合隼雄所见的那么深。

河合隼雄在这本书里提到，作为“临床”的视角而探讨的内容，必须通过努力进行深化。学习很重要，游戏也很重要，这种简单的毕业并没有什么意义。要追问“游戏是什么”“游戏的本质是什么”，这才是我们必须采取的姿态。这段话与我的理解非常有契合处，或者说，河合隼雄给了我理论的依据，让我从哲学的深度去思考游戏里面究竟意味着什么。有一本书叫《游戏力》，认为游戏可以解决常见的行为问题，激发孩子内在的自信力，并重建父母与孩子间亲密沟通的桥梁。这本书比较注重实操，而河合隼雄则从心理动力的深处，给我们呈现了游戏所能给孩子带来的持续成长的可能性。

如今我走出体制在做自己的儿童营队，这些营队里面最重要的一个项目就是游戏。我内心里有一点隐秘的自负，这个自负来自我的理论依据，便来自河合隼雄先生，来自荷兰的赫伊哈津，来自法国的迦约瓦，以及美国的简·麦戈尼格尔。

最深的动力来自于自我认识

但河合隼雄带给我的最重要的东西却不在这里。诚然，河合隼雄让我重新发现儿童，河合隼雄让我有了崭新的角度反思教育，但河合隼雄对于我而言，最重要的价值却在于，他让我更深切地看到了我自己，他带我进入了一个从未企及的世界，他让我前所未有地与我身上的那个纠缠许久的自我握手言和。这才是我最为感激河合隼雄的地方。

本来，我只是怀着寻找育儿秘方的目的去阅读河合隼雄，但却终于在河合隼雄先生的著作中，找到了自我。河合隼雄给了我一把钥匙，于是我打开了自我之门，这就是得鱼忘筌、得意忘言，河合隼雄先生就是把那金针度与人的智者。这样，我开始在中年的时候，重新思考人生的意义。或者说，我一直都在思考这个意义，有的时候百思不得其解，有的时候苦苦寻觅而不得。在过去的很多时间里，我都有一种空虚感，拣尽寒枝不肯栖，不断越过山丘，不断发现崭新的空虚。前文我说到焦虑，一则是育儿的焦虑，但更多的，何尝不是自我生命的寻求的焦虑呢?

这个时候，河合隼雄，非常坦率地让我们知道了我们每个人有不可企及之处，那么我们对自己的不可企及之处又该怎么处置呢？也许，最重要的只是，去看见。只要看见，就足够了。明白到这一点，那么我们就会在适当的时候，跟自己握手言和。

那么，这样的自我认识是怎么得到的呢？因为，河合隼雄带着我们去理解了儿童，从而也理解了我们这些成年人身上还存在的那个不肯长大的儿童。比如，我们经常看到孩子身上有很多的东西，与我们自身如出一辙，孩子就跟我们这些父母互为镜像。即是说，在家庭内部，我看到的孩子，他是一个被我塑造的孩子，而这个孩子同时也塑造了我。或者说，因为我观察到了孩子的成长，从而也看到了我的自我成长。比如，因为看到了我带给孩子的一些伤害，所以我也看到了我自己是如何在童年里受到这样的伤害的。于是，在这个育儿的旅程中，我就前所未有地、真切地、深刻地看到了我的自我。

看到自我，认识自我，生活在真实中，生活才更有动力。因为我清晰地知道我是如何来的，我也知道我要往何处去，于是在当下的生活中，就拥有了更为强大的力量，更为坚定的意志。这些认识，如果没有河合隼雄，我想我是一辈子都无法达到的，这是河合隼雄带给我的生命的觉解。

我很开心《心的栖止木》《大人的友情》再版，同时《心灵晴雨图》和《共鸣的灵魂》两书即将出版简体中文版。我分别用了两个上午便读完了，阅读的快感，就像又给了我很多心灵的营养。虽然因为河合隼雄的著作基本上都已读遍，所以这两本书里面的观点，大致已经有所了解，阅读的感觉也不再像以前初读时那么惊艳，但河合隼雄还是每一次都让我心生亲近。我仍是能从中获得教益。

比如，河合隼雄认为，其实幸福有各种各样，每个人都有每个人的幸福，他人的生活只是他人的生活，你不可能去取代他人的生活，他人也不可能来取代你的生活。那么，你的幸福就是在你的生活当中找到你自己的幸福，并且，你自己的幸福也是独特的，是他人不可企及的。而在家庭中，幸福也是随处可见的，尽管建设家庭这件事本身也是非常辛苦的，但是与经商不同，建设家庭不是付出劳动就能获得利益那么简单，人们在解决亲人之间的问题的过程当中，获得心灵的快乐和满足，这才是家庭的真谛。

这大概就是河合隼雄最有亲和力的地方吧，让你温暖，让你更好地去拥抱你自己，知道自己身上的局限，也知道自己身上的缺陷，然后看到你自己身上那些本来以为是隐藏着看不到的东西。关键是，这个看到的过程，他不是严厉的剖析，让你无处藏身，而是怜惜的，带着理解的同情，这样，我们就能够跟自己身上那一部分你自己所不愿意见到的自我握手言和。

こころの栖止木

目录

第一部分

心灵的风景

荒唐人生

人生会发生什么事情，谁都不知道。我辞去国际日本文化研究中心所长一职后，心想，这下子可以做自己喜欢的事情了，却偏偏又当上了文化厅厅长。这么一来生活大大地改变了，不过倒也遇到不少有趣、愉快的事情。

我当上文化厅长官之后，最值得庆幸的事情是听音乐和看戏的机会增加了。于是赶快趁着工作空当，接连到歌舞伎座看《菅原传授手习监》[①]，又去观赏了二期会[②]的歌剧《费加罗的婚礼》。

我年轻的时候，因为受到日本战败的打击，对欧美文化非常向往，对日本文化有点疏远。当上文化厅厅长后，反倒很想趁此机会多多接触日本传统文化。好久没看歌舞

① 日本传统净琉璃、歌舞伎的戏码，日本古典名剧之一，1746年在大阪竹本座初次演出。菅原道真因藤原时平的谗言被流放到九州，后来化为雷神杀了时平，被后人供奉为“北野天神”。

② 以歌剧和声乐研究为宗旨，1952年创设的日本音乐团体。以东京艺术大学为轴心，推动了歌剧运动的发展，1977年改为财团法人组织。

伎了，我为它的优美所倾倒。年轻时，我大概比较拘泥于艺术中所传达的古老的道德观，然而到了这把年纪后，已经超越这些，而能纯粹享受“美”的世界了。

而且，如果把歌舞伎看成是和式歌剧的话，我发现真的很有意思。欣赏舞台的整体结构和动向时，连剧中台词听起来都像唱歌一样。德国作曲家瓦格纳的作品虽然以“音乐剧”之名区别于“歌剧”，但歌舞伎才真的是音乐剧，整体的艺术效果真是妙不可言。

我一边这样感觉着，一边接着去看了《费加罗的婚礼》。以前也看过几次，每次都深受感动，总会被莫扎特音乐的美所感动。这次由宫本亚门导演的新版本和二期会成员的完美演出，令人耳目一新，感觉经历了一场心灵的洗涤。

虽然《费加罗的婚礼》在各个方面都和《菅原传授》不同，但我忽然发现二者的故事在“荒唐无稽”这一点上倒是相通的。两者都能使观众开怀大笑，或许讨厌歌舞伎和歌剧的人会生气地骂道：“真荒唐！”

偶然加上偶然，让故事一直发展下去。

很多人不喜欢偶然，他们会想“不可能有这种事情”，并因此而气愤不已。但像我这种和很多人畅谈过人生的人，却认为人生充满了偶然。实际上，偶然真的会带来无法预测的悲剧或幸运。

这样想来，我开始觉得无论是歌剧还是歌舞伎，都和真实的人生息息相关。借着把真实人生的本质放大，歌颂出来，让观众明白认同，让人们感受到人生中所发生的偶然中所流动的必然性。

这么说来，其中必有所谓“讴歌”人生的表现手法。但其中所谓的“歌”不一定是快乐的，有时也有悲哀的歌。实际上，《菅原传授》就唱出了悲哀，整体展现出美的结局。

认同自己的人生是很重要的。在认同时，不但需要知性的认同，同时也别忘记感性的认同。也许歌舞伎和歌剧便是借着唱歌，获得后者的认同吧。我也必须思考一下自己作为文化厅长官这个角色该怎么“唱”才好。

修复的困难

接受文化厅长官一职，我提出的条件之一是在京都国立博物馆内设立一个分部。一方面是因为我住在关西，另一方面是考虑到关西在文化上的分量。不过，工作还是在东京处理得比较多，京都则是一星期出差一两次。总之，在各种形式上都比集中在东京一处办公的做法有所变化，是一件好事。

我趁着到分部出差的机会，参观了博物馆内的文物保护修理所。这是对古代美术品进行修复的地方，历史悠久。他们对历经岁月洗礼伤痕累累的雕像、织制品、绘画、文书等进行修复。据说，也有很多海外美术馆前来委托修复一些美术品。

到现场时，首先深深感受到的是“严肃”的氛围。每个人都极其精细地面对需要慎重处理的工作。那种气氛扑面而来。据说很多修复工作，动辄要花几年的工夫。

织制品有缺陷的地方，要先确认它的材质，再算出缺损部分每根线的针数，最后织出同样的东西来修补。这工作细碎得几乎令人昏厥，但就是要这样耐心地继续做下去，甚至花几年时间才能完成。这样的专注和毅力，令人由衷地敬佩不已。

修复的时候，如果修补用的布比原来的布强韧，反而会伤到原来的布。所以，用于修补的布最好比原来的布“稍微弱”一点，但这个分寸很难拿捏。我一边感慨原来如此，一边回想起自己的往事。

我在大学毕业后，如愿地当上了高中老师，那时高兴得不得了。当时真的很热心地教育学生，积极地上了很多补习课。然而，即使这样卖力地教，学生的成绩却依然不见进步。

我下了很多功夫努力地教，却看不出什么效果。过了很久以后，我才明白过来，我的愿望和能量过于强烈，反而让学生的成长力萎缩。修补的一方不能比被修补的一方强。

想到这里，我开始觉得在博物馆的修复工作和我曾从事的教育工作非常类似，并不是“这里有缺陷补上就行”，要先研究出布的品种、新旧程度、织绣的针数等，就像对找我心理咨询的人，不能立刻说“这样做就好了”。

而是要一起慢慢回顾过去以及思考周围的状况等，这和修复工作的情况几乎一模一样。而且工作要花费数年，甚至10年以上，这一点两者也一样。

只是我从事的心理治疗工作并不是由我来修复，而是帮咨询者引出他们自我修复的可能性，让他们靠自己的力量好起来，不过在那过程中所需要的纤细感觉、精神专注力和持续性等要素，可以说与古代美术品的修复工作完全一样。

“修复的时候，没有任何一个个案是相同的。每次都必须重新思考才行，不可忘记初学时的热情和谦虚谨慎。”

他们对自己工作的阐述，感觉就好像是在为我的工作做说明似的。

佛像的姿势

在东京和京都的双重生活中，每次回到家，邮件总是堆积如山，整理起来很费工夫。不过，偶尔也有令人开心的事，比如打开包裹看到一本吸引人的书的封面时，心情好舒坦。

这本书的封面整体以黑色为基调，露出救世观音侧面的版画。好像以前曾看过般令人怀念，于是便拿起来仔细看，是藤绳昭的《私家本佛像遍历》。

藤绳昭先生是年纪和我相同的精神科医师，是京都大学的名誉教授。他是我在1965年从瑞士回国以来到现在的老朋友，当时还曾共同参加过有关梦的研讨会。他对版画很有兴趣，我曾收到过他寄来的佛像版画贺年卡，因此看到这本书的封面时觉得好怀念。

看着版画上佛像的姿势时，藤绳先生一刀一刀雕刻着佛像时的心情便真切地传了过来。这已经不能称为“兴趣”，而应该说是和精神科医师这个工作表里如一的事情了吧。

和许多患者见面，承受着他们沉重的心情，却不能对任何人说出谈话的内容，只能自己默默地雕刻着佛像。在他的手的动作之中，可能包含了许多事情。从那刀刻中逐渐显现眼前的佛像的姿势，既是他自己的姿势，也是患者们的姿势。

而我对长笛的爱好则是简单的兴趣而已。我把听到的许多内心的烦恼，化为声音流出去。刚开始吹时自己还没有意识到这点，吹长笛其实对我作为心理治疗师的工作帮助很大。虽然不及藤绳先生对版画的喜好程度，但或许可以说是在做同样的事情。

最后一尊佛像是“不动明王”，并说明雕刻这尊“不动明王”时没有模特儿。看到这里，我感觉这可能是藤绳先生的“自画像”。

有趣的是，虽然这本版画集几乎都是佛像，但第一件作品却是作者“幼年时的自画像”。而且，作者的简历上也有一幅小小的作者“自画像”的版画，是藤绳先生柔和的脸。

我弟弟逸雄，也是精神科医师，他是藤绳先生的学弟，很遗憾在几年前过世了。我和逸雄过去聊天时曾经提到一个话题：如果自己有精神病时，希望由这些精神科医师中的哪位朋友来当自己的主治医师，他多次回答的人都是“藤绳先生”。理由是他最值得信赖，最温柔体贴。

然而，那“温柔体贴”的人会有“不动明王”的愤怒，又是怎么回事?

答案可能有很多种，但我常常想，若是接触过多心理有疾病的人，除了温柔体贴之外，也不能缺少这种严厉。如果没有这种“可怕”，只有温柔体贴，也无法真正胜任工作。

在各种涵义深刻的佛像最后，放上这“不动明王”，我的心被打动了。虽然如此，能够一起开心地谈论这话题的弟弟却不在了，实在遗憾，仿佛在这些佛像的什么地方投下了阴影。

好人“忧郁”

为振兴地方文化尽一点绵薄之力，是我想做的事情之一。我在当上文化厅长官时，就强调过这点。为了实现这个诺言，我便立刻采取行动，到日本各地举办“文化艺术恳谈会”，出席演讲的同时也听取各地方人士对振兴文化的想法和希望。

第一次恳谈会在香川县举办。第一天观赏了金毗罗歌舞伎大戏，第二天举行恳谈会。之所以选择金毗罗歌舞伎，可能很多人已经知道，这里是利用指定为重要文物的古老小剧场做公演的，因此琴平町的全体民众主动踊跃参加文化义工活动。

中午走进乌龙面店时，老板娘告诉我说：“我先生也去做义工呢。”因为是老旧的小屋，因此连演员都要“竞标”决定人选，而这些全都是义工的工作，她很热心地说明对表演时间的掌握也很不简单呢。

确实如此，小屋是铺榻榻米的，而且带客入座的“阿茶子”小姐还穿着红色围裙，手脚利落地移动的模样让人怀念起了过去。作为义工的她们，实在令人敬佩。

演出的戏码是《义经千本樱》的《寿司屋》[1]戏里有一个叫“不正的权太”的坏蛋角色，由片冈仁左卫门丈名角演出，看着真叫人痛恨，甚至已经到了父亲忍无可忍，拔刀刺杀了权太，都让人觉得活该的地步。

但是听到他快断气时说的话，才知道原来权太竟是个“大善人”，整个剧也在观众一同落下同情的眼泪时缓缓落幕，可以说是歌舞伎戏剧中最精彩的落幕方式。“大坏蛋”转变成“大善人”的技法，在歌舞伎中好像称为“浪子回头”。全体观众都为这“浪子回头”而鼓掌喝彩。

在恳谈会中，我把这“回心转意”作为话题，当然听众多半也都很熟悉这类情节，因此算是个好话题。

不过我的重点是，现代日本的“大坏蛋”是“不景

① 净琉璃的戏码之一。取材于平家没落史，描写义经和静御前的爱情。第三段发生在寿司屋中，平维盛化名为弥助躲在寿司屋的场面，为本剧的高潮。

气”，但也许可以借着日本人对待他的态度，产生让他“浪子回头”变成“大善人”的机会。

这是我就任文化厅长官以来一直强调的事情，不景气的英语单词是“depression”，这个单词也用来表达心理上的抑郁状态。

我身为心理治疗师，在遇到患有抑郁症的人时常会经历这种情况，即他们可以借着开始某种创意性活动，而顺利克服病症。

经济上的不景气也一样，我想，日本人这时唯有从事文化性的创意活动，才能克服困境。文化的活性或许可以唤起经济的活性。而恶人的“不景气”也可以“回心转意”，变成善人的“景气”，即日本人的心活性化成为善人。

也许是“回心转意”这个话题不错，恳谈会后，文化义工们的讨论也相当踊跃，休息时间仍有很多人，不仅从香川县，还有从四国各地来的人，和我讨论各地方活跃丰富的文化活动。

虽然只有短短两天，却是一段非常充实的经历，让我感觉举办文化艺术恳谈会真的很有意义。

心灵的风景

4月23日是“世界读书日”。日本放送协会想在这一天做一个特别节目，邀请我做客《收音机生活俱乐部》，和播音员村上信夫先生针对“儿童和读书”的主题对谈将近两个小时。

我们所提到的“儿童的书”，并不是只给儿童读的书，而是描写通过儿童的眼光所看见的世界的作品。不是通过已经因常识而浑浊的大人的眼光所看到的世界，而是通过孩子清澈的眼睛才能看得见的“心灵”的真实。话虽这么说，所谓“心灵”到底是什么呢？

节目播出期间，我们共收到147封正在收听广播的听众传真过来的信，令人欣慰的是，其中有几封信提到了对巴内特的《秘密花园》的印象特别深刻。可能很多人都读过这部古典名著，一个孤独少女的心，因为一个谁也不知道的“秘密花园”而得到安慰和疗愈，我们不妨把这个花园想成“心灵”。

平时谁也没有留意到这个“秘密花园”的存在。人类世界正快速发展，完全没有理会这种事情的空间，有人会说“根本没有这种东西”，也有人说“那又能赚多少钱”。

但是，知道的人就在内心深处得到了疗愈，脆弱的心也得到了安慰。如果把那样的“秘密花园”视为“心灵”的表象，不是正吻合吗？

这个“秘密花园”既不能用钱换算，也不能用数量来表现。然而，如果我们想象少男少女的世界深处有“秘密花园”，即心灵的话，那么大人也就能看到和以前完全不同的风景了。

说到心灵的风景，我最近刚刚出版了一本叫作《去往纳瓦霍之旅的心灵风景》[1] 的书。书中阐述了我为什么会去拜访美国原住民的部落。

① 纳瓦霍，北美洲原住民的族群之一。主要分布于美国的新墨西哥州、亚利桑那州和犹他州。

虽然纳瓦霍人住在美国，但他们过的却不是现代文明的繁荣生活，而是继续过着与自然亲密接触的生活。

要说他们“弱”，或许可以说在现代社会中的他们就像儿童那样非常“弱”。但也许正因为如此，他们反而能看见“强”人所看不见的“心灵的风景”。

志在传承纳瓦霍文化的小学老师问孩子们“身为纳瓦霍人是一种怎样的体验”，如果有答不出来的孩子，老师就会带他们去山谷中，说：“身为纳瓦霍人，就是可以吃在这山谷中采到的东西。”于是，老师会仔细教他们生长在那里的植物名称，教他们哪些植物可以吃，哪些植物是药草，这件事情令我印象深刻。那山谷对纳瓦霍人来说，就是“秘密花园”，在那里可以看得见“心灵的风景”。

虽然要在现代社会存活下去，金钱很重要，效率也很重要，但我们不能一味地只追求能胜过他人的强大，反而要学习被视为弱者的孩子，并学习美国原住民的“眼光”来看“心灵的风景”，生活才能变得更丰富。

出云之旅

我利用连休期间到日本岛根县出云去旅行了一趟。今年可以说是我过去工作集大成的一年，我想写一本有关日本神话的书。因此，从很早以前，就想去拜访出云了。过去我曾参拜过几次出云大社，这次想尽量多地拜访出云众神的神社，让众神的印象在我的头脑中更鲜活地涌现。

我之所以研究日本神话，并不是为了要把神话和历史做对照，而是为了调查那些神话是从什么地方的文化传承过来的。就我来说，我只是想借此思考形成这种神话的日本人的“心”而已。

日本神话的整体特征可以说在于“均衡”，不是说两个对立的力量中的一方胜利、另一方失败，而是两种力量均衡共存。这在全世界的神话内容中都可以说是很稀罕，同时也很有启发性。

有个故事很能表现这种特征，就是让国的神话。高天原之神，出云之神，大国主神并没有和天照之神的子孙作战，而是把国让给他，条件是把大国主神供奉在巨大的神殿中祭祀。

众所周知，从出云大社挖掘出了非常巨大的柱子，并成为社会的热门话题。神话中所说的事情正好反映在这件事情上。虽然这根柱子目前为了修缮正委托文物研究所处理中，大众还看不到，但可以看到挖掘现场的痕迹与记号。据说，这柱子高达48米，在当时一定是高得超乎想象。

我心中一边浮现柱子的各种形象，一边访问神社的工作人员，内心觉得很快乐。这次我除了造访出云大社之外，还有日御碕神社、八重垣神社、神魂神社、熊野大社、佐太神社和美保神社。在每个神社都听取了工作人员详细的说明，因此我对神社的建造和整体外观也充满了兴趣，它们都和各种神话有所关联。仅仅是安静站在那个地方，心中便浮现出众神的世界。

从“均衡”这一点来说，最初只祀奉出云神社的神，后来也开始合祀起高天原神社的神。如果详细去调查这样的组合，很可能会找到很有意思的发现。

最让我感兴趣的是美保神社，这里的祭神是事代主命、美穗津姬命，但前者不知道什么时候开始被称为“惠比须神”，到现在还被普遍信奉。我注意到，日本神话中被放到苇舟中流放丢弃的蛭子，是没有被收入日式“均衡”的神。我想，蛭子不就是和被称为大日女的天照大神相对的男性太阳神吗？这蛭子成为惠比须神的信仰在民间很普遍，但在美保，出云神社的神，大国主之子事代主命却被视为惠比须。这要怎么解释呢？

我想查清楚其中缘由，然而，这方面的古书却被烧掉了，没办法再做详查。不过，像这样一边旅行，一边听取各神社的故事，不但能感到古代日本人心中所想的事情被传达过来，而且还能联系到现代。这可能是出云这个地方所拥有的不可思议的力量在发挥作用吧。

我爱你

2002年，因为世界杯足球赛，再加上也是日韩国民交流年，所以和韩国的文化交流活动接连不断，真是可喜的事。在韩国首尔举办的“日本美术名品展”就是其中一场活动，我为了参加开幕典礼而到韩国访问。

这次展出包含国宝17件，重要文物72件，即使在日本都难得一见。尽管仅在这方面就有很多有趣的话题，但这次我想谈一谈完全不同的事情。

由日本驻韩国大使寺田辉介先生专门招待这次从文化厅前来参加活动的人，也请了韩国相关的文化人士参加，其中一位是广播文化振兴会的金容云理事长。我在国际日本文化研究中心担任教授时，金先生曾以客座教授的身份前来，他对日韩文化的区别深感兴趣，我们也是经常一起谈话的老朋友。

因为有金先生在，所以大家又开始热心地对日韩文化的区别展开深入的讨论，非常有趣。

青少年问题、少子化问题也成为话题，有人开玩笑地说：“在日本发生的问题，稍微过一段时间便会在韩国发生。”

有不少年轻的韩国女孩不结婚，这一现象虽然没有日本社会严重，不过这种倾向在韩国也很强。

最近，日本和韩国的年轻人彼此的交流加深了，这是个很可喜的现象。韩国年轻人可能是看了日本电影而受到影响吧，他们很流行说：“お元气ですか？”（你好吗？）或说：“爱してます！”（我爱你！）

把说“我爱你”代替打招呼。日本某高官访问韩国女子大学时，女大学生居然说：“爱してます！”（我爱你！）据说日本高官听到后大吃一惊，随即大家大笑起来。

这时，金先生说，在日本，男女朋友之间都不会说“爱してます”，因为日本人不喜欢直接表达，所以如果爱人说“我爱你”的话，反而会觉得不是认真的。但韩国人喜欢直接的表达方法，所以会清楚说出来。但是日本方面的代表反驳道：“现在的日本年轻人也会说了吧。”

“现在的年轻人，真爱一个人时，会用更不同的表达方法。”又有人再反驳，议论纷纷。然而，因为全体参加者都不“年轻”了，所以并没有超出闲谈的领域。

听的过程中，我想到，现代的男女或许已经超越说不说“我爱你”这个问题，而是互相对“爱”的意义，渐渐感到不明确起来，这点才是大问题吧。

这并不是说，以前大家对“爱”比较清楚明白。无论采取什么样的表达方法，对“爱”应该有共通的印象，它和结婚是相连的。但无论是日本或韩国，对现在的年轻人来说，爱不爱已经变得暧昧不明，对结婚也看不出有什么重要性了。虽然文化到了意想不到的方向发展，不过能和异国人士亲近地交谈还真是愉快。

蛹内蛹外

趁着文化厅工作的空当，有时候我也会去参加临床心理方面的研讨会。最近，我去参加了学校辅导员的研讨会，听取了不少不良少年渐渐改过自新的经历。出席这样的聚会，好像回到老家一样，感觉很轻松。

说到学校的辅导老师，本来是因为学校里辍学和霸凌事件增加，而令学校认为有必要设立专门和学生深入交谈的老师，而设立后的效果正在逐渐提高中。因此，最近学校来找我咨询青少年事件的情况也增加了。

另一方面，也有辅导老师说“心理”问题可以沟通，但对于不良事件却不知道该如何应对。关于这一点我有以下的想法。

我以前就常常说，青春期就像毛毛虫要变成蝴蝶之前先变成“蛹”。从外表看起来好像没什么变化，其实内部却正在发生巨大的变革。

青春期的孩子们对于自己内部正在发生的巨大变化到底是怎么回事，自己并不明白。因此，无论如何都会变得沉默寡言，越来越内向。这样的孩子渐渐地便会不去上学。

对于这种情况，如果内部所发生的大变化被泄露出来，往往会表现出不良的行为。出现这种情况，其实孩子们也不知道自己为什么那样做。总而言之，不做出点什么事情，他们心里就不安稳。

如果能充分理解这一点的话，对于遇到辍学或窝在家里不讲话的孩子，和遇到不良少年的情况基本上是相同的。

“不管现在是什么样的状态，只要顺利度过这段时期，就会好好长大成人，所以这期间就陪着他们度过吧。”

如果有这样的觉悟，从正面好好开导，就没有问题。

当然，如果是不良少年的情况，就算想找他们来咨询室谈话，应该也不可能。不过，不管什么时候、在什么地方和他们见面，只要能保持上面提到的态度，无论行为多粗暴或愤怒的孩子，也都会渐渐改变。当然，其中也有愿意来咨询室好好交谈的孩子。

话虽这么说，要解决不良少年的问题，必须掌握适当的时机，如果到了他们已拉帮结派开始集体惹是生非的时候，就很难处理了。这方面依然需要丰富的经验，有时甚至并没有适当的方法，不过还是要保持不变的基本态度。

可能有人认为，对于不良少年，女性不适合当辅导老师，我想只要能保有前面所说的基本态度，男女并没有关系。在这里发表意见的辅导老师也是女性。

虽然这里总提到辅导老师，但在根本上父母和老师的角色也一样。只要把所谓青春期想成是“蛹”的时期，那么经历某种程度的“粗暴”体验也是理所当然的事。

这时候，身为“蛹”的守护者的大人，不要逃避，要从正面去面对孩子，这点很重要。如果这时候逃避了，只会把孩子贴上“坏”或“异常”的标签，那么这只会让孩子变得更奇怪而已。

保存与破坏

文化厅的工作内容之一，是对文物的保存，因此我们和全国的博物馆、美术馆有着密切的关系。

我去参观了奈良国立博物馆举办的特展“大佛开眼1250年东大寺总览”。自从大佛开眼后已经历经了1250年，这期间遭遇过两次火灾，却依然能保存下相当多的文物。展品的质量都相当优秀，令人敬佩。

在看到著名的日光菩萨、月光菩萨的立像时，我有了一种不可思议又难以言喻的感觉。在阴暗佛堂中的菩萨像，正如所谓“拜观”那样，心中会意识到“拜”的对象。然而在这里，那姿态原原本本地显露在阳光下，虽然不是很强，但却感觉到“艺术品”的气息。

作为艺术品本身已经很不简单，而且以前从来没看过菩萨像的背面，现在却可以从各个角度观望。望着这些菩萨像时心中不禁涌出想双手合十的情绪，真是不可思议的体验。

因为是在鹫塚泰光馆长的陪伴与说明下参观，所以可以了解更多的细节，更增添了无穷趣味。我对佛教并不完全了解，只在研究明惠上人的《梦记》时，稍微研读过《华严经》，也因此对《华严经》特别感兴趣。在庐舍的那佛像中，佛身上既画了极乐世界，也画了地狱，真切表现了世界本身。

我因为工作关系曾和各种人一对一地谈过，在此期间，我一直说一个人就是一个“世界”。孩子的心中有“宇宙”，我认为这些佛像也体现了这一点。

这一尊尊佛像能保存得这么好，令我十分感动。从这件事，我联想起阿富汗中部的巴米扬大佛。想到它遭到那样严重的破坏时，鹫塚馆长说有些资料也散逸流失了，并提道：

> 日本在废佛毁释的时期，即明治初年打击佛教的运动，在1868年公布了神佛分离令，并以

神道家为主破坏各地的寺院、佛教，强制僧侣还俗等，似乎也做了相当糟糕的事情……

我听到这里，大吃一惊。对于文物的破坏，并不能只是责备别的国家。

对巴米扬大佛的破坏，应该没有人会认为是好事。这么难得的文物遭到破坏，谁不会感到惋惜呢？

然而，在现在日本，这种自己“破坏文化”的事情难道不是正在进行中吗？展览中所陈列的“文物”的保存本身就是明确的证据。

不过，“文化”并不是眼睛能明确看见的东西。而日本人传统中所拥有的“文化”，比如日语，就在受到日本人的急速破坏。这样好吗？

这是一个难题。文物应该受到保存，但是“文化”和“传统”是活的东西。活的东西要继续变化才有意义，不适当地想要“保存”，反而可能中断了其生命力。

置身于古代佛像的包围中，我不禁思考起当下的日本文化。

年龄加括弧

前几天，我出席了教我长笛的水越典子老师的演奏会。因为有合奏，所以总共有40位门生演出。感觉好像相扑力士从“序二段”依序排到“横纲”[①]，我好不容易留在了“幕内”。当然，我年龄也最大。

虽然也想吹一次喜欢的曲子，不过却总禁不住想到：“这把年纪了，大概不行了吧。”

一边这样想着，一边试着吹吹看，果然不行。不久之后，我发现问题就出在总想到自己“这把年纪”上。

如果不想这个，只管去试一试的话会怎么样呢？结果要是不行就不行，但或许不只是年龄的关系，还有才华和练习量等其他各种因素。

① 相扑力士的阶级排名，比最下段的“序之口”高一级就是“序二段”。“横纲”是相扑力士中地位最高的人。

这时候我想到：“把年龄括起来吧。”

这和“忘记年龄”不同。不管怎么说，七十几岁就是七十几岁，和五十几岁、六十几岁不一样，跟年轻人就更是完全不同。有人能简单地说“忘记年龄”并努力地“不输给年轻人”，我虽然很佩服，但也觉得这样反而会给旁边的人添麻烦吧。

所谓把年龄括起来，意思是不忘记年龄，但还是要做着试试看。而且，人这东西也真有意思，虽然是高龄的男性，但在内心深处依然有一颗孩子的童心、年轻人的心，甚至一颗女人的心。以音乐来说，主旋律的演奏虽然是老男人，但陪衬的协奏和伴奏则有年轻人、孩子、女人以及其他各种增添色彩的元素。这些元素全部合起来，才组成一个人。

拘泥于年龄和性别的人会变得很单调，听不到主旋律之外的声音。忘记年龄的人，就像过大的低音声盖掉了旋律。把年龄放在括弧里，时而去掉，时而把括弧强化、弱化，人生也会更丰富。

因此，我把“73”这年龄放在括弧里，试着挑战稍微有点难的曲子。随即想到“已经一把年纪了”，有点想放弃，但手指却自己动了起来。练习的时候态度也开始不一样了。过去会放弃的部分，现在也鼓起勇气来吹。虽然如此，也不宜做出和年龄不相称的冲动举止，当然有时也会想到“年纪还是大了”，随后又觉得还是别这样想吧。

这样练习的结果是，终于能正式登台表演。但演奏毕竟无法达到完美的地步，只能做到让自己觉得满意。水越老师说：“这次比以前放得开了，照这样下去还有很大的进步空间。”

可能和一开始就被年龄绑住不同，破茧而出了吧。

把年龄放在括弧里，不只是老年人，年轻人也可以如此。我觉得，时而把年龄放进括弧里，时而拿掉，生活或许可以变得更加多姿多彩。

命运的和音

可能世上有很多既古老又新潮的东西，此时我想到的是“命运”。我不知道古代人怎么称呼，可能现在有人会说，这新时代还谈什么“命运”。不过，命运也是当代的问题。

2001年9月11日，恐怖袭击发生时，一栋大楼被摧毁，另一栋大楼的高层也有人拼命往下跳。当时赶来救助的消防队员却说，被摧毁的大楼有倒塌的危险，所以大楼的上层反而比较安全。那个人听了劝告后，又再折回大楼的高层，这时候第二架飞机却撞上了大楼，这个人丧失了生命。

获知这件事情时，我内心感到很痛苦，到现在都忘不了。出于善意提出劝告的消防队员终究料想不到，还会有第二架飞机撞向大楼。这一切只能说是命运。

可能有人会说，事到如今说什么也没有用了，不过我会这样想到“命运”，其实是因为最近看了由蜷川幸雄出演的古希腊悲剧《俄狄浦斯王》在东京的公演。

俄狄浦斯的双亲在儿子出生时，被神预言说：“这孩子将来会杀父娶母。”

双亲知道这孩子背负着这样的命运后，便想尽办法避免这一切。俄狄浦斯成人后也得知自己的命运，便拼命努力去避免。然而，这些努力却带来了相反的效果，俄狄浦斯在浑然不觉的情况下，还是被卷进命运的浪潮中。

剧中演绎了浑然不知地过着幸福日子的俄狄浦斯，如何遇到一件件出乎意料之外的事件的过程。这令观众深深感到，人这东西，不管有多么强大的意志力，不管做了多少努力，也只能顺从命运的安排，没有别的办法。

要说经典中的新意，便是这部剧的音乐由东仪秀树负责，观众由此体验到了更丰富的情感。日本雅乐拥有古老的历史。如果探求其发展路径，大概可以追溯到这出剧产生之时。而且，剧中的音乐也以“新”东西被演奏出来，听过东仪秀树音乐的人应该都知道。

开幕后，“合唱”（歌舞队）的人，吹着笙出场的时候，观众感受到极大的触动。笙的和音非常微妙，既和谐又不和谐，散发着不可思议的乐声。这当然是为了让观众预感到俄狄浦斯的命运，但我却感觉到这和音覆盖了世间的一切。

现在由于科学技术的发达，人类可以享受到极方便且舒适的生活，可以凭自己的意志和努力完成很多事情。尽管如此，还是有很多人陷入命运的不幸中。作为心理治疗师，我常常会感受到命运力量的强大，也亲自接触到受到命运折磨仍坚强活下去的人的勇敢姿态，那人性的光辉令我感动。

磨炼自己强大的意志力和努力活着固然是一件美好的事，然而能够感受到命运的力量，就像笙的微妙和音那样，我觉得人生的意味会更有深度。

娃娃头老师的回忆

1952年，我从京都大学数学系毕业后，在奈良育英学园的一个初高中学校当老师。因为当高中老师是我的愿望，因此非常开心，兴冲冲地去就任。我热情地投入到教学工作中，甚至连平时看报纸的时间都没有。

当时一位比我资深的数学老师很照顾我，后来我们依然继续往来，这位寺前弘之助老师于几天前去世了。

后来我来到东京后，联络不太顺利，因此收到讣闻时已经太迟，葬礼已经举行过了。因此，在回忆起种种往事时，想在这里写一点东西，聊表自己的哀悼之心。

因为寺前老师的发型有点像娃娃头，因此被起了个绰号“娃娃头”，但无论是学生还是同事们都是怀着敬爱的心这样称呼他。尽管他有一点脱离世俗世界的倾向，但大家依然对他感觉很亲近。

有一次，“娃娃头”老师发现有人在书桌盖内侧用小刀刻了涂鸦文字。虽然找到了刻字的学生，但已经雕刻上去的东西却没法去掉了。尽管这种行为跟现在的学生的离经叛道没法比，不过在当时来看，这已经是相当“恶劣”的表现了。

“娃娃头”老师立刻对那位学生说：“放学后，到教职员办公室来。”

学生来到教职员办公室时，看到老师已经准备了雕刻刀和两套木板。

“我刚才注意到，你的雕刻刀法相当有味道，我对雕刻也很有兴趣，不时雕些东西，可能没有你雕得好，不过我们来一起雕吧。”

就这样，“娃娃头”老师和那位学生一起雕刻起木头来。话虽这么说，但并没有立刻雕完。

“以后，你就常常来这里继续雕吧。”

就这样，放学后两个人就热忱地雕刻木头。

“娃娃头”老师不擅长说教，几乎没有说过什么。但是，他表达了对学生作品的佩服。就这样，那位学生的态度也渐渐好转了。

这件事情给我的印象非常深。我确实是一个极热心的老师，但那样往往会适得其反。例如，如果看到学生胡乱涂鸦刻字的话，我可能会破口大骂学生，或者把学生叫到办公室长篇大论却毫无助益地说教一番。

但与其全神贯注在由上到下的填鸭式教育上，倒不如像“娃娃头”老师那样，和学生一起专心投入爱好的事物。表面上看起来两个人好像没什么关系，但其实已经建立起了很深的关系。而且，以这种深入的关系为支柱，学生也能依靠自己的力量重新站起来。

这位学生想必已经从“娃娃头”老师操作道具的方法、进行雕刻的态度等无言的行为中，学到了生活的态度。

现在学校的老师们，如果能从我悼念“娃娃头”老师的这篇文章中得到一点启发的话，我就很欣慰了。

优点、缺点

前几天，我到京都的西阵中央小学，上了一堂六年级学生的道德教育课。所谓道德，是在希望大人也一起思考的宗旨下，尊重孩子的自主判断。教育部最近对各级学校颁发了《心的笔记》作为教材，有别于过去的教科书和辅助读本。因为我也参与了这次教材的编撰工作，所以在职责上，我希望能在课堂上亲自使用一次看看效果。

我采用了《心的笔记》中五、六年级学生用的“发现自己、磨炼自己”部分当教材上课。我提到，首先要“发现自己的优点”。

“请写出一项自己的优点。”

我这样说完，有的孩子没能立刻写出来，而是陷入了沉思。于是我忽然想到了什么，便叫那个孩子站起来，然后我问大家：“有没有人可以说出这位同学的优点？”

立刻有几个人举手。其中一个说：“××同学很温和……”

于是，同样的事情便继续下去，大家纷纷举手，被赞美的学生都很高兴。在那期间，我也逐渐把29个孩子的名字和印象一一刻进心里。

这时我先声明道，接下来我们要做一点比较难的事情。

“‘朋友很多’虽然是一件好事，不过相反，‘朋友很少’是不是一件坏事呢？”

我这样问时，大家又纷纷举手。

“只是没有机会交朋友而已。”

“只要有一个重要的朋友就行了。”

有学生这样回答。

我对孩子们活跃的想法和说话时灵活的眼神感到由衷佩服。

之后，我又问孩子们对于“对谁都很亲切”的人和相反的“对谁都不亲切”的人有什么想法。

有人说，虽然是“优点”，但相反的一面不一定是缺点，有人则不同意这个观点，意见开始出现分歧。

谈到“缺点”时，有人说：“该做的事情拖拖拉拉到最后才做是缺点。”

这时，立刻有人反驳：“暑假刚开始时可以快乐地玩耍，到最后两天再赶快做作业就可以了。”

“不，那还不如前两天就先做好，剩下的时间就可以好好玩了。”

“这样不行，我觉得还是每天都做一点最好。”

每个人都分别表达了自己的意见，讨论也变得热闹起来。这时候的孩子们，真是活泼可爱。

“谢谢大家的宝贵意见。在这里最重要的是，大家的想法都不一样。在此期间，作为个体的自己包含了所有的优点和缺点，全世界就只有一个这样的人，不是吗？”

于是我说，所谓自己的存在，便是在这个世界上唯一的、无可取代的东西得到大家的认可。能和孩子们一起自由思考，真是快乐的一小时。

心和身体

近代西方把心和身体明确分开，从而发展出近代医学。最近，对于这两者的微妙关系应该如何思考，在医学、心理学、哲学等各个学科间都在努力开拓新的视野。

虽说是客观存在的“身体”，但就像近代医学所处理的方式一样，又分为从外部客观地进行检查或做手术的身体和个人以“我的身体”的视角在心中形成的印象这两种认识。例如，因为手术而被截肢的人，有时还会忽然感觉到那已经失去的肢体的疼痛，或在梦中梦到自己用双脚健康地走路。

“梦中的身体”真是不可思议，会在空中飞，有时甚至会化身为动物。我认为，这个“身体”才是和心深深相关的东西。最近在研究中对这种事情的体会越来越真实。然而，这不是在学问的世界里，而是属于艺术的世界。

日本镰仓时代的僧侣明惠曾经写下自己梦的记录《梦记》，我在加注解后于1987年出版了《明惠，活在梦里》。受到这本书的刺激，日本舞蹈家西川千丽小姐创作了舞蹈作品《阿留辺畿夜宇和》。

拙著《明惠，活在梦里》已经被翻译成英语和德语。我曾想，如果千丽小姐的舞蹈能介绍到海外该多好，经过在波兰的公演后，千丽小姐又在瑞士、德国进行了公演。为了准备这两国的公演，2002年，她先在京都进行了公演。

在明惠的梦境中，“身体”的变迁意味深长，而且，让人感受到强烈的宗教性。最后，明惠在梦中升天，达到“身心宁然，如存，如亡”的境界，就是心和身体化为一体，连存在都感觉不到的透明状态。也可以说这是一直禅定的他，在宗教体验上的终极姿态。

像这样最终达到透明的状态，明惠在禅定的过程中也包含了“性”这件事。性，正是联系心和身体的东西。不过，近来，性有过分强调身体的倾向，造成了心被隔离的结果。

明惠在当时僧侣可以轻易破戒的情况下，仍然严守戒律。然而，很多女性都爱慕他，他也被女性强烈地吸引。在那期间，明惠除了始终守住戒律外，则在“梦中”与女性结合，通过那样的体验到达透明的境界。

我想，这种事情要以言语表达几乎是不可能的，但千丽小姐却以舞蹈和伴奏音乐的方式，在短短一个小时里传达给了观众。

身体所拥有的表现力之强烈和深刻，声音倾诉内心深处的力量之大，令我深深感动。像这样非语言性的表达，让我品味到心与身体的联系是一种多么真实的感受。

日本乐器和西方乐器合奏出来的音乐，也提高了这种高统合性感受的效果。

千丽小姐的舞蹈，如果能被欧洲人了解的话，不仅可以向欧洲人展示日本文化，同时对人类今后的生活方式也可以有所诉求。

模模糊糊的古语

我为了写关于日本神话的书，经常读日本神话和世界神话故事。关于“世界的起源”，不同的文化中都有不同的故事。有些文化认为是神的力量创造了世界，有些则是认为在混沌不明中世界分成了天和地。

可能有人会说，这种古老传说有什么趣味呢？然而，作为心理咨询师，我常常会被问到关于人类和人生的问题，总之，很多情况都与人类的“起源”有关。正因为其重要性，因此思考这件事就很有价值。

读《古事记》得知，日本的国土由伊邪那岐和伊邪那美夫妇神所生，但故事的开始并不是这些神的出场，而是被称为神世七代的众神先出场。

本来想省略开始的部分，从“国常立神”① “丰云野神”② “泥土之神”③ “素引之神”④ 等这些名字长得念起来舌头都快打结的地方开始。但是，这些神后来完全没有再出现。因此我想，何必这么漫长地去叙述，何不干脆就从“伊邪那岐”“伊邪那美”开始呢？

不过，回过头来，重新依照顺序再读这些神话里的名字时，却有了惊奇的新发现。换句话说，所谓万物的“起源”不也是这样吗？

例如，谁都知道婴儿在刚开始说话时会发出一些“啊——啊——”或“呜嘛呜嘛”的声音，在听得出其意思之前（这被称为“初语”），会先说一些模模糊糊又莫名其妙的话。没有一个孩子是不经过这种意义不明的模模糊糊阶段就会说话的。

这样想之后，我开始觉得在这“起源”之前的模模糊糊的地方，其实是很重要的。

例如，我在辅导高中生的时候，常常会听到他们说一些“没什么……”“我只是觉得……”等意义不明的话。当我把这当成是“起源”之前模模糊糊的话听着时，不久就会出现可以与“伊邪那岐、伊邪那美”匹敌的重要语句

① 随开天辟地最初出现的神，又称国底立神、天常立神。

② 开天辟地时，继国常立神之后，出现于高天原的神，为天神七代之一，丰斟渟尊。

③ 继国常立神、丰云野神之后，最初诞生的男女一对的神，是泥土之神和他的妻子。

④ 泥土之神的妻子，或称须比智迩神。

来。如果在这模模糊糊的地方性急起来的话，关系就会“断”掉，可惜快要出来的东西也就出不来了。

或者，在某种新的创意出现之前，也不妨想成是“世界的起源”。在有所创新之前，还会再经历一段相当漫长的由模模糊糊的语言所形成的，称不上思索的不可思议的状态吧。也就是，像以前用那些模模糊糊的话语来思考似的感觉，然后才轮到“伊邪那岐、伊邪那美”出场！

在就业、结婚等重要人生阶段的“起源”时，很多人都会以苦恼的形式经历着这种模模糊糊的阶段。

虽然如此，神话却能巧妙地掌握这种状态，真令我佩服。其实在想到这篇文章的创意之前，我也经历过一段模模糊糊的状态，但我无法记录下各种“神”长长的名字。

第二部分

忍耐的评价

“开开心心”的毛病

开朗的朋友聚在一起，边喝酒，边闲聊，没有比这更开心的事了，我最喜欢这样的聚会。不久，有人谈起幼儿园时代的回忆。虽然大家都是笑着听从前的往事，但感觉却是一件悲哀的事。因为希望更多人知道这件事，于是在取得同意后，我决定把这件事写下来。姑且将这孩子的名字叫作小S。小S是一个很乖的男孩子。

小S开始去上幼儿园，并在过了很久之后，有了一项重大发现：隔壁教室里有个女孩子看的绘本非常漂亮。绘本画的好像是灰姑娘的故事，小S也很想看。但是，要走到隔壁教室去看，对于很乖的小S来说是绝对办不到的事情。更何况，要请老师去帮他借书，更不可能。

小S一边耐心等待，一边看有没有其他机会。结果，出乎意料的机会终于来了。因为台风的关系，这天上学的孩子非常少，总共不到10个人，而且隔壁教室里也只有少数几个孩子来。

小S想，现在正是时候，便走进隔壁教室，找到心目中的“灰姑娘童话”绘本，开始读起来。对小S来说，那时的心情简直就像遇到心爱的人一样。

然而，这时候却传来老师的声音：“各位小朋友，很难得台风天大家都来了，让我们开开心心地一起玩耍吧！”

对老师来说，好不容易只有少数几个学生来，所以想到老师也可以一起快乐地玩耍，不知道有多好。

于是老师催促孩子们，在游戏室一起手牵手唱歌，然而，小S却紧盯着“灰姑娘童话”绘本不放。

“小S，不要一个人一脸严肃地看绘本嘛，快来跟大家一起开开心心地玩耍！”老师这样邀请他。可悲的是，小S没办法说“我想读这本书”，只好心不甘情不愿地跟其他孩子一起，让老师牵起手一起唱歌。他一边感到很悲哀，一边和大家牵着手唱歌。据说，那一刻的遗憾，到长大成人之后都没有忘记。

为什么老师和父母都以为孩子一定要“开开心心”才行呢？这几乎可以说是一种病态了，大家把这当作话题来讨论。说不定正是因为大人这种“要开开心心”的毛病，而使很多孩子有了悲哀痛苦的遭遇也不一定。

与其说是大人，或许应该说是日本人吧，动不动就要“大家一起”，也是一种近乎病态的习性。只要说“大家一起来玩”，就不能只是一个人地在读书，不管多么想读都不容许这样做。

因为是小时候的事，所以悲哀的过往也能被当成笑话来讲。但是，我想到自己和在场的那些朋友被送到“老年人之家”一类的机构，被迫大家一起开开心心唱歌跳舞的日子或许也不远了。

中老年人的自杀

最近，根据警察厅所发布的统计看来，日本自杀者依然很多，仅2001年一年就有 31 042人。以交通事故的死亡者不到10 000人来看，就知道有多么多了，其中以中老年自杀者人数较多。

相对于二十几岁自杀的有3 095人，五十几岁的有7 883人，后者在人数上可以说是压倒性得多。再对比1991年的统计，二十几岁的自杀者有2 215人，五十几岁的有4 423人，可见五十几岁的自杀者的数量增加得比较显著。

有位五十几岁的业务员对工作感到厌烦，心情沉重得想去死。本来是一个有实力的人，因被赏识而调到海外，工作进展顺利，英语也行。大家都很安心，但没想到他却得了抑郁症。

让他感到最抑郁的并不是和工作有关的事，而是工作之后的聚餐和派对。因为他向来是个专心工作的人，宴会中的话题却令他感到困惑。外国同事对有关艺术和文化的话题懂得非常多，让他感到跟不上别人脚步。

有时，美丽的女同事跟他谈起“日本文化真美好啊”，或者《源氏物语》如何如何，但他读都没读过。他一边感到很羞耻，一边觉得无话可说。对于跟不上这些话题的他来说，难免觉得自己身为一个人的价值很低，最后连谈工作的时候也开始厌烦起来。

这是一个具体的例子，一般来说，50岁的人通常会面临身份、地位和工作内容的巨大改变。然而，过去向来只一味地工作，换句话说生活一直很规律的人，便无法立刻适应那样的变化。

也许是自己走到死胡同里转不出来时，缺乏换个角度看事情的能力。遇到困境走不通时，其实只要试着稍微转个弯，改变一下方向来看就行了，在行不通的方向继续前进，路便走绝了。

仅靠工作努力振兴日本经济的时代已经过去了。重视自己的工作固然很好，但如果不考虑充实、丰富自己的人生的话，就会变成仿佛一直在努力地挖掘自己的墓穴一般。

在对孩子们灌输“生存力量的重要性”“读书的好处”之前，难道不该劝告中老年人也该去追求这些吗？日本上班族的读书量其实是很少的，他们应该拥有相当高的知识量。

不只是上班族而已，很多人，对于和工作没有关系的文化性事物，认为是“多余的”而完全将其忽略，这种社会风潮似乎很强盛。

企业不妨考虑为员工开办“晨读10分钟运动”，或许可以大为减少中老年人的自杀率。

这不是开玩笑，我正在认真思考，有没有什么可以鼓励日本中老年人读书的好办法？

超·老龄期的“幸福”

所谓超·老龄期这样的说法，大家可能很少听到，这是思想家吉本隆明兄在《幸福论》一书中开始使用的。我考虑到，称呼为吉本隆明兄是否适当？不过因为对谈过几次，就擅自决定这样亲昵地称呼了。

因为接触过很多因各种烦恼而找我谈话的人，所以对“幸福”这件事也想得很多。遇到有人来商量是否该离婚时，我会想到，离婚是不是更幸福呢？想到10年后会变成什么样呢？这是很难回答的问题。有些事情怎么想都想不通。因此，知道吉本兄的《幸福论》出版之后，我就迫不及待地拜读了。

这本《幸福论》根据作者的亲身体验所写，因此，虽然是吉本兄所谓的“超·老龄期”的幸福论，不过依然不负众望，是一本很值得一读的书。光是听到吉本隆明这个名字，很多人可能会直接想到“他的书很难懂”，其实这是一本很容易阅读，也很容易理解的书。

最近有人想出了所谓的“高龄者”这么好听的说法，从前的老人到70岁就被称为“古来稀”，因此到60岁左右好像就被视为“老人”了。而现代则不一样，很多老年人都元气满满。不过，吉本兄说现代有很多“超·高龄者”，这就成问题了。不管怎么样，人总会“老”的。身体各处的疼痛增加，眼睛会看不清，耳朵也会听不见。而且，身体不能动了，还要你“活下去”。

吉本兄也和我一样，与其被称为“高龄者”，更喜欢被称为“老人”或“上了年纪的人”。以自己的生活感觉来说，后者更加吻合。

变成“超·老人”之后对“幸福”又怎么看呢？“无法想象一年后的事情，想了也没用”“不能定太大的目标”“建议‘运动适可而止’”“医师说不行也别气馁”……我只随便抄几句看到的喜欢的句子，就可以传达出这本书的感觉了吧。

不必那么努力地勉强去过“充实的老年”。如果苦就说苦，乐就说乐，他说“自然该死的时候到了就死吧，这样就好了”。阅读期间，感觉肩膀的力量忽然放松了下来。

很多哲学家和评论家似乎会讨论更多困难的事、做不到的事，但吉本兄则坦白说出“超・老人”的生活，陈述自身经历所得来的“幸福论”。也许有人会说，他只是说出“理所当然”的普通事情，不过现在，理所当然的普通事情能被理所当然地说出来也是很珍贵的。

读了这本书，“超・老龄期”的人和以后将迎接这个时期的人，大概都大大地“松一口气”了吧。

对于“死”和“老”都不必想得太抽象、太理论，只要自然地活着就好。话虽这么说，吉本兄却像前面提到的那样想得相当多。他是因为曾经经历过那样的过程才写出了这本书吗？或者没经历前者就直接到达后者的状态了呢？对这点稍微有点疑问。

忍耐的评价

最近看报纸，发现因为冲动导致犯罪的事件很多，跟踪事件的报道也增加了。为了强迫女性跟自己交往而纠缠不休，最后到了杀人的地步。看年龄居然是中年人居多，要是以前的话应该是所谓“懂得界限”的年龄，然而现在却把界限完全抛弃掉了。

冲动犯罪的不只有男性，也有女性因为微小事件发生争执，而犯下杀人罪的。一气之下把自己的孩子杀了，显然感情的控制能力很弱。

确实，人生中令人生气的事情很多。有时候也会有“真想把你杀了”的想法，但实际上并没有采取这样的行为，通常都会把冲动压制下来。

把冲动压制下来忍耐着。我们来试着思考一下“忍耐”。

小时候，我们被教导忍耐是件好事。大人常常说“你是乖孩子，所以要忍耐”，所谓“放聪明一点”都伴随着某种忍耐。也有人把“忍”这个字当成人生的教训。忍耐获得了很高的评价。

然而，事情却渐渐发生了变化。人们开始认为，光是忍耐，无法表现自己。或者，竟然开始有人通过强迫别人忍耐，以使自己轻松过活。所谓家和万事兴，老人虽然高兴，但若是建立在“媳妇”的忍耐和眼泪上的话，就没有什么意义了，很多人渐渐开始这样想。

而且往更远的想，可以说人类是因为靠停止忍耐，文明才发展了起来。因为不再忍耐着走较远的路，才发明了许多方便的交通工具。因为不再忍受在寒冷的冬天因洗衣服而手脚冻裂，才发明了洗衣机。这些生活条件逐步改善之后，人类逃避了忍耐，开始过上舒适的生活。

在这样的过程中，忍耐的价值逐渐降低。说得极端一点，甚至有了忍耐是能力低、力量弱的人才做的事的想法。

但是从最初所举的例子来看，也可以明白人必须要有忍耐的力量。就因为“忍耐什么嘛”的说法不对，所以应该抑制自己的冲动，把忍耐说成抑制力可能比较好。那么，为什么现在这种抑制力明显降低了呢？让我们试着想一想。

从前，物资贫乏，大家都没有钱。因此，孩子们没得抱怨，只得被迫忍耐。忍耐到长大成人以后，或许就养成了守分寸的抑制力。所以，我们生活在当下这个物资丰富、一切便利的时代，对孩子就过于疏忽忍耐的训练了。他们以为一切都可以依照自己所想的那样顺利发展。他们就这样长大成人，变成一个不会控制自己、没有抑制力的大人。

在这里，我们是不是不妨重新思考，试着对忍耐重新评价，想一想要如何教孩子忍耐才好。

中辍生的多样化

根据最近的报道，2001年，全日本不上学的孩子竟然超过13万人。因此有人说，这是日本教育的大问题，一定要想想什么对策才行。确实，辍学生增加到这么多，我们不能不想办法是事实。不过，该怎么去做，这一点则有必要慎重考虑。

有一段时期，有人主张对不上学的孩子“不要刺激他们去上学”，这种说法成为金科玉律。因为以前孩子一不去上学，很多人就立刻认定孩子是“偷懒”，于是催他们“快去上学”。后来才知道，如果是心理有问题的孩子，这样反而会加深对他们的伤害，甚至可能造成相反的效果。

于是，专家警告家长们一味地催孩子“去上学、去上学”也不好。然而问题是，这好像变成了谁都适用的处方似的，一说到不上学，无论什么情况，都变成“别强制他们去上学”。这简直太荒唐了。

过去虽然也有所谓“学校恐惧症”或“拒绝上学症”这种名称的案例，然而现在却有了各种各样的因素，总之没有去上学若不是因为身体生病，就以“辍学”的名义来称呼了。那么，我相信你立刻可以了解，应该没有通用于所有辍学情况的“好办法”吧。

例如，想到没有一种针对所有肚子痛都有效的药时，就会明白，虽说是肚子痛，有不理会自己就会好的，也有必须做大手术的。对所有肚子痛笼统地说有通用的“腹痛对策”，我想一定没有人会相信。

孩子辍学应该也因不同的情况而有多种不同的对应方法。前面已经针对“忍耐”陈述过了，实际上，有些孩子是没学到就算不喜欢也要“忍着去上学”的态度，而休息在家的。这样的情况不应该放任不管。可是，也不能说严厉催促他“去上学”就能成功收效，甚至以为这个方法对谁都会有效。

在我以前遇到的案例中，有花了三年时间才回到学校的孩子，也有立刻就回去上学的孩子。重要的是，就算比别人晚了三年也能重新站起来，直到大学毕业，成为杰出的职场人，这样的例子很多。对那些可能重新站起来的孩子，我们没有必要做多余的事情去加深对他的伤害。

最近出版的村上春树的小说《海边的卡夫卡》，主角才15岁。这部超越了单纯描写15岁孩子的世界的作品，让我们真切感受到当今这个时代青春期孩子的问题的严重性。那些自认为能够想出“辍学对策”的人，我希望务必来读一读这本书。15岁孩子的内心深处所产生的戏剧性变化令人惊异，我们必须慎重且灵活地对待孩子们才行。

传达真相

北海道小樽的绘本·儿童文学研究中心举办了“儿童文学奇幻大奖”，邀请我担任评审委员。每年我都会读到几篇奇幻作品，但很难出现值得颁给大奖的杰作。虽然我并不认为年年都可能出现那样的杰作，不过也常常想可能有人误解“奇幻”这件事了。

一说到“奇幻”，有人就会想到这是脱离现实捏造的故事，但并没有那么简单。最近这类的作品竟然相当受欢迎，被大众广泛阅读，我觉得很感叹。

例如，最近，虐待孩子的事件增加，问这些孩子“你父母是什么样的人”，他们有些不回答，有些则会回答“是好人”。有些孩子无法用语言适当表达自己的处境，有些孩子则认为反正说了别人也不会了解，于是从一开始就放弃而选择不说。

这种情况仅是说一句“父母不好”或“很难过”，终究还是觉得没办法把当事人的心情完全传达给别人。这时，我们作为临床心理师会去见这些孩子，但不会跟他们谈起有关父母的事，而会邀请他们一起来玩箱庭[①]。这些专心玩箱庭的孩子会制造出像交通事故的场景，一再地发生车祸，有人受伤，甚至有人死掉。

我看过受虐儿童的沙游作品，无论是日本还是国外的作品都看过很多，悲惨的场景并不限于车祸，也有战争、动物厮杀的场面。这些场景全都很凄惨，看着令人心疼。我在旁边看着的时候，虽然孩子没说什么，但他所经历过的痛苦的体验却能直接传达过来，让人感到非常痛心。

当然，不是做一次箱庭游戏就能解决问题的，而是每星期持续地这么做着，悲惨的场景越来越少，慢慢出现和平的景象。在此期间，临床心理师要一直陪伴在旁。当孩子的心经历过这种内心世界的戏剧而逐渐痊愈时，连心理师的心也感觉到仿佛被清洗净化了似的。

唯有通过这样的戏剧展示，孩子才能传达出自己内

① 瑞士的卡尔夫（Dora M. kalff）发展了由劳恩菲尔德（Mlowenfeld）始创的心理疗法，并用sandspiel（沙游戏）命名河合隼雄将其介绍到日本并改名为箱庭疗法。

心的惨痛经历。这和用嘴巴说出事情的真相是不同的。我想，孩子可能无法用言语来表达，就算说出了被虐待的事实，孩子的心灵创伤可能也无法痊愈。

在接触到这样的例子后，我才能了解到所谓“奇幻作品”的意义：那是“传达真相”最好的方法。这么想的话，我们不仅要把奇幻作品视为单纯的“创作”，更重要的是作为传达“真相”的最好方法。因此，奇幻故事才能顺着自己的情节发展下去。

从死的观点来看

随着老龄化社会来临，来问我“老龄”问题的人越来越多，我接触到这方面见闻的机会也多了起来。我一方面得到了各种值得参考的意见，另一方面，有点遗憾的是，几乎都是从“要如何活”的观点来思考。我忽然觉得，搞不好会过分强调了“老了还可以生龙活虎地过日子”的想法。

最近，我跟非小说类作家柳田邦男对谈时提到，如果过分强调“老了还要健康活跃”，就会使老化、死亡被视为一种“败北”。“人终究都要死的，所以从死的观点来看人生或许很重要”，他说。

我也非常赞成，缺乏这方面的观点可能是今天的人生论和老人论的问题所在。

把死视为最高目标，或再出发的起点，这种观点在世界文化中是自古以来就被认同的。不如说，那样的想法才是一般的共识吧。把焦点放在“活着”固然很好，然而，这结果却忽略或忘记了死亡，可以说近代以来才变成这样的。

弗朗兹·李斯特（Franz Liszt）作曲的名曲中有所谓“前奏曲”，这是根据“把自己所活着的人生视为要前往死后世界的前奏曲”这种想法所作的曲子。我现在的想法是，自己活着的是“前奏”部分，真正重要的是为前往死后世界做准备。

例如，观看歌剧《卡门》，如果有人只听了“前奏曲”就回家的话，你可能会感觉可惜。同样，如果有人只在意活着的这个世界，不就等于满足于只听“前奏曲”的那种人吗？如果“前奏曲”之后，会有“正本”歌剧的话，那会是什么样子呢？如果完全不在意这个的话，岂不是太吃亏了？

关于“前奏曲”之后来临的“正本”戏剧，我们应该发挥更多想象力才对。从这样的观点出发，重新来看待现在的“生”时，就可以看到很多不同的面相了。

人类社会总少不了各种“××会议”，简直没完没了。而且，很多人虽然感觉上“讨厌”却还是去出席。人们甚至为了减少开会，又去召开一个“为了减少开会的会”。

别再去做这种多余的事了，开会的时候，不妨想象一下，这次会议其实是“前奏曲”，也就是预演而已，“真正的会议”将在100年之后，由相同的成员重新召开。在“真正的会议”中，可能会反省“上次练习的时候还只为了一亿元的事情而想不开”。

好像很傻的样子，不过只要发挥一下想象力，就会变得相当有趣，为了各种会议而生气的事也会渐渐减少，对一些小事情也就不再斤斤计较了。

各位有时候不妨也以这种观点来看待人生。只要稍微改变一下观点来看事情，快乐的事就会渐渐增加。

原则和真心

最近，企业界失去名誉的事情陆续被揭发，成为社会问题。本来以为是大企业应该可以放心，然而意外地知道，其实它们隐藏了许多事实，说的尽是虚伪的话，很多人都感到非常愤怒。

这里提到的虽然是企业界的事，不过回想起来，政府也有过失去名誉的事件，说得夸张一点，全日本社会的道德已经沦丧。此外，也有很多人为这件事而感叹：现在的日本人，在全世界之中是否算是道德极端坠落的国民呢？

有一次，我跟欧洲外交官谈话时谈起这样的话题。一次他在东京遗失了一个皮夹，里面放了很多现金，他想这一定没办法找回来了。然而，捡到的人却送到了警察局，所以皮夹又回到了他手上。他说“在全世界的大都会里，只有东京才可能发生这种事情”，他赞美日本人的道德之高，在全世界都算是难能可贵的。这并不是例外，类似的事情以前也经常发生。那么，现在日本人的道德到底变成什么样了呢？

这件事或许有必要再调查研究、深入思考一下，但我想试着把自己所想到的事写在这里。

自古以来，日本人对道德就拥有所谓“原则”（tate-mae）和“真心”（honne）这二重结构。从“原则”上来看，可以说接近理想的严格，大家都知道这是“原则”，但事实上却没办法照做。实际行动时则根据“真心”去行动，就算违反“原则”，也不会被责怪。

当跟欧美人谈起这些时，他们觉得非常不可思议，会问我“那么‘原则’和‘真心’到底差别有多大呢”。日本人对这个问题无法明确回答。不过只要是日本人，大家都心里有数“差不多是这样”，在不会有问题的情况下打破“原则”，如此生活着。

然而，就像欧美人的疑问所显示的那样，在这里，如果出现了大幅度打破“原则”的人会怎么样呢？也就是说，在日本达成高度经济成长的过程中，似乎产生了相当多因为一切事情的尺度放大了而失去平衡感的人，以及有时误用日本的这种习惯刻意去打破“原则”的一些人。

遇见街上遗失皮夹那种事，“原则”和“真心”几乎还没有产生分离的见解。可以想象一般日本人，在这种场合还相当遵守道德。

将大尺度的误用日本习惯的“恶行”揭发出来，是一件非常好的事情。不过，在这里因为日式的东西已经行不通了，便不再分“原则”和“真心”，而去设定新的准则，却因为太痛恨“恶”了，于是一起提倡尊重“原则”又会怎么样呢？我觉得这并没有解决问题的根本。最近我常常担心，感觉已经到了有必要商量道德上的“真心”的时候了。

幸福和安心

我去听了宗教人类学者中泽新一先生的佛教课程，他写出在《小说旅人》杂志上连载的系列文章，后来以《喜欢佛教》为书名由朝日新闻社出版。前几天上课时，他谈到的是“佛教和幸福”的主题。

“在佛教经典中并没有出现‘幸福’这种用语。”中泽先生首先这样声明，“然而考虑到日本的状况，甚至全世界的状况时，却觉得这似乎是一件非常重要的事。在佛教中认为，与其思考‘幸福’不如‘安心’更重要。”

有所谓“安心立命”的说法，能做到这一点的人，会令人感觉到实实在在扎根于大地之上，只要到他身旁，他就会让你感到安心。不过，仔细想想，遇到这种人的机会，似乎越来越少了。

到我这里做心理治疗的人，大多属于所谓“不幸”的人。这些人每个都希望能够“幸福”，也朝着这个目标努力。然而，他们为什么却无论如何都无法幸福呢？我跟他们见面，也想办法帮助他们获得幸福。

长久地持续这种工作，渐渐地越来越不明白到底“幸福”是什么了。因为一般所谓的“幸福”是拥有很多钱，工作效率很高，可以做很多自己喜欢的事情，难道我们对“幸福”不就是这种印象吗？

我在美国参加聚会的时候，就可以见到这种人。你可以感觉到他们对一切都充满自信，然而却完全缺乏“安心”。在他们身旁，好像连你也开始坐立不安起来，有时甚至焦躁慌张，最后会想说：“真了不起，不过，阁下这样真的觉得人生有趣吗?”

日本因受到美国的影响，这样的人也变多了。这是理所当然的，佛教国家日本也以猛烈的态势大举输入欧美文明，因此现在日本“物质”充裕。这么一来，难怪出现“没有物质就是没有钱，人也会感到不幸福”的说法。实际上，确实有人说“只要有钱，什么都买得到”，连“安心”也能用钱买到。

没有这回事，也有人不被物质和金钱绑住，而认为“安心立命”更重要。虽然如此，现在的日本没有“物质和金钱”能够安心吗？而且，如果有家人的话，家人能“安心”吗？

我们看看自认为已经达到“安心立命”境地的杰出人士，观察他们的实际情况时，会发现他们似乎也会被物欲所动摇。

答案是，说起来容易做起来难，换句话说就是要得到“幸福和安心”两方面。那么该怎么做才好呢？在为任何一方努力时，请不要忘记那不是全部，就行了。21世纪是凡事都做两面准备的时代。欧美之所以会提高对佛教的关心，可能也是因为这个关系。

事实与故事

随着科学技术的急遽发展，人类想要的任何东西都可以轻易得到，似乎也有人认为“科学”是万能的。而且，把知道科学性思考所必需的“事实”视为最重要的事，把价值判断基准放在是不是“事实”之上。

然而，我却认为，当人类感觉到“活着”的真实感，感觉到自己是“有生命的东西”时，为了加深这种真实感，并与他人共享，需要的可能是“故事”。话虽如此，完全虚构的故事并不能打动人心。能传达不违反事实，又能根据自己的真实所形成的“故事”才真正有意义。

由丽贝卡·布朗（Rebecca Brown）著，柴田元幸先生译的《家庭医学》（*Excerpts from a Family Medical*

Dictionary），是一本让人深刻感受到前述观点的杰出作品。书的装订也非常精美，拿在手上读着时，觉得很符合书的气质。

作者把母亲从得了癌症到临终的经过以非常详细的笔触描写出来，并没有夸张的表达或过多装饰性的语言。我甚至想以“淡淡”的表现方法来形容，然而却令人感觉到人类的“生命”和“灵魂”的沉重。在这层意义上，这一作品便成为美好杰出的“故事”。

然而，本书的特征是作者先举出“贫血”“转移”“震颤”等医学用语，并以这些定义写成专栏。让读者读下去之后，才确实说出从这些症状延伸到患者和他们的家人之间所发生的“故事”。

我一边读着，一边想起最近在医疗领域受到注目的“以故事为基础的医疗”。这种想法之所以出现在医疗界，据说是因为随着近代医学的发达，医生总是只关心身体症状和各种检查资料，而往往忘记患者是一个“人”。

有人说，患者是带着“故事”去看医生，接受诊断的。

对患者来说，或对其家人来说，这是一辈子的大事，在那个人的人生故事中，是在和疾病、疼痛对抗的；但从诊断书上来看，却只有“是癌症，无法手术”一句话了事。

从医学上来说，诊断书已经清楚地陈述事实，没有任何错误，但对患者来说，却是“故事”被破坏，或遭拒绝。如果真正考虑到“医疗”的话，不只需要诊断，同时也应该考虑到“故事”才对，这就是所谓的“以故事为基础的医疗”。因此，并不是要否定事实。

一说到“故事”就有人会想到是夸张的画册般不实在的虚幻空话，但不是这样。本书从“贫血”开始到“尸体”为止，没有任何虚构内容。因此，“故事”的力量足以向读者传达人类“生命”的高贵。这是一部令人深刻感受到“读取”生命意义的作品。

从不仅是“读”，而是“读取”的文字表达中，我们可以感受到共有“故事”的姿态。

红叶

“秋天的夕阳中，山林红叶耀眼。”

这首小学时听的歌曲，是我最喜欢的歌。2002年10月12日，我参加了日本鸟取县举办的国民文化节，到处都能听到这首歌。也难怪，因为《红叶》的作曲家冈野贞一就是鸟取县人。

我在鸟取参观的“儿童馆”，有一间布置的和以前的小学教室一模一样的房间，可以听到冈野贞一作曲的无数首曲子。正在侧耳倾听的老年人，其实我也是其中之一，让人印象深刻。老年人似乎经常会来这里，牵着孙子的手，或被孙子牵着手来到这里。据说有些原来一句话也不说的人，听了小学的童谣后开始说起话来。

我以前曾经建议过，希望建立“专门给儿童和老年人的图书馆”，有的地方确实做到了：有老爷爷和老奶奶读绘本给孙子听，也有孙子读给爷爷和奶奶听。在“儿童馆”里，看到祖父母和孙子通过歌曲达成心意交流，我觉得非常高兴。

两天之后，我到名古屋参加老朋友、同时也是心理学同行的西村洲卫男和良子夫妇主办的“坛溪心理教育咨询室”的十周年纪念活动。然而在余兴节目中，在200人左右的参加者中有几乎80%都带了木笛来，大家居然合奏起《红叶》。

这真是个有趣的创意，他们事先就寄了乐谱给参加者。大多数人都带着小学时代吹过的木笛，有兴趣的人甚至可以练习低音部来吹。因此可以形成合奏，声音实在优美。我也带着长笛临时加入。这个创意真棒，应该推广到更多地方才好。

四天之后，我搭上长野县前往野泽温泉的饭山线电车，为了参加第二天在户隐举办的“对话朗读和音乐之夜”活动。

岩波书店的前编辑山田馨先生被诗人谷川俊太郎先生

拉进来，加入了一个所谓“户隐应有尽有”的奇特社团。他和钢琴家河野美砂子女士，每年秋天都会召开这种聚会活动，活动在户隐神社中社旁的宿坊[1]举行。榻榻米房间摆好了座垫，燃起柴火，这是一次非常有趣的聚会。

参加这次聚会的前一天，我去野泽温泉住了吉屋，是听内人的朋友介绍而来的。据说《野狗小黑》的作者、已故的田河水泡喜欢来这里住，因此这装饰着很多有关《野狗小黑》的画。大家称这里为“野狗小黑旅馆 ”，参加户隐聚会的前一天一定会来这里住宿。

然而在前往那里的饭山线电车停在替佐站的时候，却传来《红叶》的音乐，因为《红叶》的作词者高野辰之的故乡就在这附近。我居然在一星期之内如此巧合地重复遇到和“红叶”相关的事情。

在“对话朗读和音乐之夜”开心之余，在大家的安可声下，演奏了《红叶》。好不容易见到的红叶，恐怕会因此而在染红前就提早飘落了。

① 寺院中原为外来僧侣而设的住宿场所，后来也供参拜的信众甚至一般访客住宿。

某种类似

莫斯科的恐怖事件“总算”结束了。虽说结束了，但可能没有人认为恐怖事件的问题就这样解决了。恐怖事件是绝对不被容许的，我想这点任何人都赞成，然而要如何去应付处理却是一件很棘手的事情。

“9·11”事件对全世界都是一个巨大的震撼。我也受到强烈的震动，而身为研究心理学的人也发现下述的“类似性”。

“9·11”事件说起来是21世纪初发生的事，我认为在思考本世纪的未来时，它将是一件极为重要的事。同时，在我看来，它也彰显了人类20世纪的特性，令我想起发生于20世纪初与之非常类似的事情。

人类不管是任何民族，都会思考超越自身存在的事物，并一直对其怀有“畏惧”的感情活着。然而，在近代欧洲，人类显示出理性的力量，知道很多事情可以凭借理性成为可能。知道如果不想得天花，与其求神保佑，不如种牛痘更有效。

才刚刚以为凭着人类的理性，这个世界的一切问题都能顺利解决的时候，却发生了这件伤脑筋的事。人类的神经衰弱是打针吃药都治不好的。

20世纪初，出现了一位众所周知的弗洛伊德。我们向来认为人类自己心中拥有自我，可以凭借理性的自我去戒律一切事情。但这种想法是错的，自我是“无意识”的，自我会被无法轻易支配的存在所威胁，其到了极端的情况下就会变成神经衰弱。

因此，人类为了克服神经衰弱，就不能只重视自我，而必须让自我和无意识对话，才能治愈神经衰弱。弗洛伊德如此主张。

然而，到了21世纪，人类似乎在以整个地球的规模经历着20世纪时人类以个人所经历的同样事情。也就是说，就像自我只要有理性，以自己的心为中心就可以支配心的想法，人类在整个地球范围内，似乎开始认为只要确立一个“正义”的政府，就可以顺利支配整个地球让问题不再发生。

美国政府以正义代言人的身份，以为只要“正确”就可以顺利治理全世界，就像对自我的“无意识”那样，和这相反的存在就是神经衰弱现象，也就是所谓恐怖分子的行为，因此纷争不断。

这时候，弗洛伊德认为不要以自我压制无意识，而必须两者“对谈”才能解决问题，这是相当具有启发性的主张。当然，这对话有多危险和多困难，是从弗洛伊德以来许多心理学家都经历过的。

仅从“类似”的情形中得出结论是很危险的。不过我认为，不妨对其中得到的启示进行思考，应该是有益的。

友情

友情对人类来说是非常重要的。无论夫妇、亲子、兄弟、上司与部下，所有人际关系在关系加深时，应该都会发现友情成分在其中发挥作用。

虽然这很重要，然而真要拿来当众讨论时，却发现竟出乎意料的困难，这是我在很久以前，在瑞士的荣格研究所上课时听到的。据说在当时的欧美谈到友情时，多少会令人联想到同性恋，而基督教文化圈对同性恋有非常强烈的罪恶感和排斥感。我想，原来如此。不过这么说来，在欧美正面提到“友情”的文学作品似乎很少，多半都是关于男女之间的爱情。

然而，众所周知，这种情况现在已经大大改观。最近，弗雷德·昂曼（Fred Unlman）的《友情团聚》出版，我立刻拜读了。原作于1971年出版。作者是生在德国的犹太人，为了逃避纳粹的迫害，到英国以画家身份谋生并功成名就，60岁后才开始执笔写作本书。据说，这本书在英国出版界广受好评，后相继在法国、美国出版。现在，全世界许多国家都可以读到《友情团聚》，甚至在有的国家成为高中的指定辅助读物。

书中的主角是个16岁的德国少年，也是一位高中男校的学生。虽然跟同班同学勉强有往来，不过他却认为自己没有真正的朋友。就在这时，一位转校生出现在了他的眼前。

> 穿着一副颇有自信的样子，有一种贵族气息，露出略带侮蔑的微妙笑容。不过最让我深受冲击的，不，可能所有人都深受冲击的是，他的优雅。

他和班上的少年们仿佛来自完全不同的世界，这位少年康拉丁是伯爵的公子。班上同学都有意无意地想接近他，然而康拉丁却优雅地拒绝，保持他的孤高姿态。

然而，主角“我”却认定他才应该是自己的朋友而接近他。对“我”来说，所谓真正的朋友，应该是会“让自己感觉可以心甘情愿为他舍弃生命的少年”，而康拉丁正是符合这个条件的人。

为了引起他的注意，“我”上课开始认真起来，也获得了老师的肯定。于是，在这样的努力之下，两个人的友情建立了起来。说到两个人的友情是如何发展的，以场所来说，德国施瓦本（Schwaben）[①] 的风景起到很大的作用。书中所描写的是什么样的四季风光呢，希望你能亲自读读体会一下。

像这样纯粹的友情，在出乎意料的纳粹主义抬头之下，受到了什么样的摧残？还有，两个少年将如何对待彼此？在这里就不提了。

我希望，各位读者务必读读这本书，并和朋友讨论看看。这本书对高中生和大学生应该也很有意义。另外我想补充说明一点，本书如果能和汉斯·彼得·李希特（Hans Peter Richter）的《从前有个弗雷德里》（*Damals war es Friedrich*）[②] 一起读，应该可以加深对这本书的理解。

① 德国巴伐利亚州西南部的行政区，南邻奥地利。

② 生于1925年的德国心理学和社会学博士。长篇小说《从前有个弗雷德里》是率先探讨德国纳粹政权及犹太人被迫害主题的作品，获美国图书馆协会颁发的“非美语作家最佳青少年作品”奖。

“我”的发现

到全世界去找都绝对找不到和自己一样的人。所谓“我”，是全世界唯一的存在。这虽然是理所当然的事，但仔细想一想也觉得相当不可思议。“唯一的存在”这种说法听起来固然很好听，但总的意思还是人都是“独自一个人活着的”，细想也让人觉得无依无靠的，很孤单。

一个人意识到“我”包含这种意思，到底是从几岁开始的呢？我想大约是青春期吧，不过在历经各种体验，回想自己的种种之后，发现大约是在10岁前后的样子。

这么说来，很多人都是为了10岁左右的孩子来找我商谈的。本来是个相当开朗的孩子，以为不用担心的，但上了小学四年级后却说晚上很怕一个人睡觉。刚开始还以为他是在开玩笑，不过一到晚上却一副感到不安的样子。虽然觉得孩子也很可怜，但想到太宠他也不行，不知道该怎么办，于是来找我商量。

这种情况如果再严重一点，有的孩子到了四年级成绩忽然退步，不但不喜欢写作业，而且常常忘东忘西。父母不清楚为什么孩子会这样，因此而斥责他们，这样只会让情况变得更糟糕。

孩子会在某一天忽然因为某种原因而发现了“我”，而“我”在这个世界上竟然是孤零零的一个人。因为从前没想过这种事情，总是和家人、朋友一起行动，所以以为大家想的都是同样的事，同样地活着。然而，现在知道自己是“一个人”之后，首先便会感到孤独和不安。不过这个年龄的孩子几乎不可能清楚地认识这种事情，并用语言表达出来。孩子只是感觉到孤寂而已，因此非常想和家人亲密地黏在一起。可是反而惹来父母的责骂，于是觉得受到了很深的伤害。

或者，忽然开始想接近朋友，于是把家里的钱财物件拿去给朋友。很多父母知道以后，以为是因为孩子在学校受到同学“欺负”，于是责问孩子，其实并不是这回事。

那么，孩子为什么会“变坏”呢？父母开始反省是不是自己的教育方法不对，但也完全不是这回事。

其实，人在成长过程中会遇到顺境和逆境，在起起落落间摇摆长大成人。人生到处充满了低谷，10岁左右的孩子，越是敏感，这段日子也越难过。因此，像上述那样的事情，一点也不是“变坏”，相反是一种成长，家长甚至应该高兴才对。

这时候，做父母的最应该做的是，把“你在这个世界上确实是一个人，但并不是孤零零哦”的信息，不要用话语，而以态度表达出来。说得极端一点，不妨稍微宠一点孩子。这样孩子才可以安心，才能够顺利地独立成长而不用再担心。父母应该可以感觉到，他们将变得比以前更坚强，因为孩子自己也会以“发现自我”为基础继续成长。

心中的配角

无论是戏剧也好故事也好，主角是理所当然的存在，然而配角也是必需的。我们在看电影和戏剧时，往往会深深感觉到配角存在的必要性。因此，我并不是想谈在自己的生活中需要有人来扮演配角，或自己应该扮演谁的人生的配角。

在这里，我想提出自己“心中的配角”这个说法。自己在自己心中应该是主角，这自然没错，不过这时候，也必须充分认识到心中也需要配角，并且要依赖配角在其中的力量。

“能剧”中有配角“胁方”[①]的角色。第一次看能剧时，我也不知道他们是在做什么。当主角在吟唱着、跳

① 以日本传统文学作品为脚本的古典戏剧，其中“仕手”为主角，“胁方”为配角。

着、舞着时，配角只是安静地坐着，什么也没做。如果以为配角只是坐着的话，应该谁都可以办到，那就大错特错了。正是由于“胁”坐在那里，主角才能自由自在地表演，而且不会踏出舞台之外。

与此相同，在自己心中饰演主角的时候，确实会感觉到配角的存在也很重要。在心中像主角那样思考和自由地表达感情时，因为有“胁”的存在，而能增加这些活动的深度，并防止主角踏出界外。

其实，这是我复述的立元幸治在《“心”的出家：中老年人的心理危机》中，关于“心中的配角”的内容。我也曾经在以前的专栏中提到过中老年人的心理危机。在考虑这个问题时，以上所述“心中的配角”相当值得参考。当主角很高兴地演出时，万一遇到困难便会毫无办法，为了防止这一问题，就需要配角的存在。

这本书的书名“心”的出家，也很有意思。本来“心”以平假名写成“こころ”，是指自己在想的“心”，是主观的世界。对人来说，主观和客观两方面都有必要，客观地研究心的学问固然必要，不过人对自己的心，也必须以此为主体建立主观的世界。

这种时候，若要远离人生的各种藩篱，努力清洗自己的心，为死后的世界准备“出家”，是人生最后的“出发点”，这是日本人想到并正在实行的想法。我们在阅读王朝时代的故事时，就知道出家对当时的人来说是一件多么重要的事情。

话虽这么说，现实中要出家却谈何容易。于是，作家才主张，中老年人为了度过危机，可以在心中“出家”。试想起来，中老年人的自杀或许可以算是一种不合适的出家。那样的话，不如“在心中出家”，来度过人生的危机，这样应该可以活得更充裕吧。

第三部分

创造的退步

夫妇

前一阵子，有人在读了我写的“各种人际关系的基础都带有友情成分”，就是说“夫妻关系也是友情在支撑着的”或“夫妇也是一种会吵架的朋友”等内容后，希望我能写一写有关“夫妇”主题的文章。

确实，夫妇关系很不可思议。跟别人相处已经非常不容易了，何况要跟同一个人相处一辈子，甚至要同居50年或60年，可能吗？光用头脑想，就觉得很可怕，然而实际结成夫妇后，却还可以相安无事。其中的秘诀之一，就是夫妇关系并不单纯，其中包含了多样关系，因此自然也有很多趣味。

在谈“友情”的时候我也稍微提过，在欧美，人们对男女之间的爱情给予非常高的评价，认为罗曼蒂克的爱是最崇高的。在美国，这种倾向尤其强烈。原本罗曼蒂克的爱的目的，是以通过爱来提升人格，男女之间不能有复杂的性关系，通过这样的禁欲而受苦才能锻炼出高尚的人格。

然而，人并不能因此就满足，罗曼蒂克的恋爱目标还是要结婚。虽然觉得从恋爱到结婚的过程妙不可言，但遗憾的是这并不能持久，长则7年左右吧。每天吃牛排、巧克力蛋糕，也会令人无法忍受。这就是美国离婚率居高不下的原因之一。

离婚之后，再重新恋爱、结婚，并认为这是让人生更幸福的方法，然而，第二次结婚、第三次结婚，往往还会找相同类型的对象。也就是说，爱的本质并没有改变。

即使一开始激情满满，但不久之后便渐渐生出友情，事情就不同了。而且更有趣的是，虽说是夫妇，其中却也包含母子关系、父女关系、兄妹或姐弟关系。

血缘关系无法被轻易断开，尤其是亲子关系。有人为了“已经断绝父子关系的儿子”来找我商谈，我说“怎么能断绝关系呢，儿子毕竟是儿子啊”。血缘关系是断不了的，因为这是命运，是跟本人的意志无关的已经注定的关系，所以不管它是好是坏，都没有用。

因为夫妇关系不是以命运而是以意志来维系的，因此可以说，如果想切断的话是可以切断的，不过正如有以“红线”相连的表达方法，有人也会把这种关系想成命运。夫妇在视之为命运并继续维持关系的过程中逐渐产生友情，就像“米的味道”那样，每天吃也吃不腻。而且就像前面说过的那样，变化形式多种多样，有时候罗曼蒂克的爱也可能重新回来。

理论上好像随时都可以切断的关系，但在认定这种关系就是命运时，夫妇间友情般的联系似乎就会加深。

故事的复活

“文化义工”的说法似乎感动了不少人，我觉得文化义工运动已经扩大到了全日本。在此期间，我非常高兴“读书给孩子听”的运动能推广并盛行起来。大家读各种书给孩子们听，这样一来，孩子们便知道了读书的乐趣，自己也开始读起书来。

在“读书给孩子听”的活动中，从古时候流传下来的故事到各种现代故事，孩子们都听得津津有味。最近，我跟日本放送协会的人谈话，觉得有趣的是，这些“故事”与其在电视上放映，不如在收音机上广播，孩子们会听得更专心、更投入。

对现在的孩子来说，看电视已经成为家常便饭。电视整天一直开着，觉得有趣的节目孩子便会去看，已经到了这么过分的地步。相对的，如果只能用听的话，孩子反而会集中注意力。

此外，还有一点值得注意，在读书给孩子听的内容中，“故事”复活了。前一段时期，“故事”在教育上还不太受欢迎。或许因为一提到教育，往往就会把重点放在想让孩子尽快记住很多“知识”。

记住“不是氧气和氢气的化合物”很重要，但记住“一个小孩从桃子里生出来”或“一寸法师将饭碗当小船，筷子当桨”却没什么用处。而且，有的故事情节也相当可怕。有人说，让孩子害怕，有什么帮助呢？因此，学校当然不用说，连在家里父母也渐渐不讲故事给孩子听了，但为什么最近“故事”的重要性会重新复活起来呢？

我想秘密在于，故事所拥有的“联系力量”重新受到评价的关系。故事可以连起说者和听者的心。喜欢“读书给孩子听”的人，我想在读的过程中应该可以充分感受到，孩子的眼光有多明亮，读者和听者之间是如何产生一体感的。

而且，故事可以把孩子心中零零碎碎的东西连起来，让孩子体验到心和身体相连的感受。身体和心连成一体是很重要的。如果身体和心被切断，那么就会失去“悲伤”和“温柔”的真正感觉。

我们是不是忘记了如何“联系”，却培养了过于热心于知识的现买现卖，制造出头大身体小的“身心分离”的孩子呢？我想可能正是这样的反省，让我们不知不觉间开始重新注意到故事的重要性吧。

这时候我有点担心的却是，有人误解“读书给孩子听”的意义，以为这是要“刻意地读给他听”。因为对孩子有用所以用力读给他听，这样自己已经变成只是一味灌输的人了。

朗读名家幸田弘子女士的著作中，强调“以语言来体会身体是很重要的”。朗读故事的人，大可以“抬头挺胸”理直气壮地读。

脸

人的脸，说起来非常有意思。不但没有一个人的脸是相同的，而且同一个人脸上表情的变化之大也令人吃惊。像我这种以跟人见面聊天为职业的人，更是特别关心人的脸。

“卖个面子”“灰头土脸”“给个面子”等，还有“初次露面”“露脸”“丢脸”“没脸见人”等，关于脸的表达方式真是不胜枚举。

然而最近，我收到一本杰作《脸美的巡礼柿沼和夫的肖像写真》，百看不厌。

“脸本来就从未静止，时时刻刻都在动着，显示出不同的表情。既然称为表情，就是感情的表现。”照片把那不停动着的表情，以一秒的几十分之一、几百分之一的瞬间固定下来。于是，所谓“脸”这东西就出现在这里了。

这是《脸美的巡礼柿沼和夫的肖像写真》开头谷川俊太郎先生的话，把这本写真集的本质极准确地点了出来。柿沼先生所固定的“脸”，有三岛由纪夫、野上弥生子，几乎都是名人，然而忽然看到那张“脸”时，依然不得不叫一声“好”。也有年轻人的脸，仅从脸就看得出上了年纪之后的变化，更加趣味无穷。

荣格在20世纪20年代左右，曾经到美国造访普韦部落印第安人[①]。在见到他们的长老后，荣格被他的气质深深感动。他觉得“欧洲没有一个人有这样的脸”，很多人都知道荣格以白人文明为耻，不过现在，如果他看到这本写真集的“脸”，不知道会作何感想，想到这里不禁觉得很有趣。

其实，这本书里也有瑞士罗曼管弦乐团指挥、芭蕾之神安塞美、《形而上学日记》作者马塞尔等西方人的“脸”。荣格如果看到的话，或许会说“欧洲人的脸其实也不错嘛”。

谷川俊太郎先生也出现在书里，看到他年轻时候的

① 住在美国西南部新墨西哥和亚利桑那两州的原住民的总称。

样子，我吓了一跳，因为很像喜剧之王卓别林。我跟谷川交往了很久，但他年轻时，我并不认识他，而这张脸竟然让人有一种“20亿光年的孤独”的感受，仔细看觉得很佩服。不过当然，这也是柿沼先生所拍摄下来的“瞬间表情”。

然而，看到谷川先生上了年纪后和父亲谷川彻三先生并肩拍的照片，觉得两人真像。换句话说，谷川俊太郎先生的“脸”也变成哲学家了。原来“喜剧之王”和哲学家调和、搅拌之后会变成诗人呐，令人不禁会心点头。

虽然可能会被谷川先生一笑置之，骂一声“胡说八道”，不过也有人对我说过类似的话。我在帮南伸坊先生的“心理疗法个人传授”课上听他说，“笑脸让人觉得非常舒服，不过那种充满魄力且目光锐利的脸的主人更让人觉得不可思议”，关于后者，也有像国定忠治、岩仓具视那样“一副流氓相或长得像流氓的脸”。如果把菩萨脸和流氓脸搅和搅和，也可以变成一张心理咨询师的脸，因此或许可以同意谷川先生说的诗人的脸是搅和后特意调出来的说法。

甘冒风险

有人说“risk（危险）一词的说法，在日语里找不到适当的翻译，真伤脑筋。”

我听了之后，觉得奇怪。“risk”不就是“危险”的意思吗？一般人应该都不会有所疑问吧。

这是在某报社策划的一次对谈中，作家幸田真音说的。幸田在美商银行和美商证券公司当过外汇交易员和外国债券业务员，之后成为作家，陆续发表了许多以金融世界为舞台的杰出作品。

幸田接着又说：“对于‘risk’，英语的动词是用‘take’，因此写成‘take risk’（抓住风险）。于是，编辑反问‘不是冒风险’吗？”

这么说来我也同意，想到和外国朋友谈话的情景，发现“risk”和日语中单纯的“危险”意思不同。

当然，“risk”也含有一般意义上的“危险”之意，但因为说到“take risk”时，则指明知道自己的行为会伴随着某种程度的危险，还是要去做。本来“危险”另有“danger”这种用法，因此提到“risk”的时候，就含有不同于普通“危险”的意思。

如果我的理解太自以为是但却说错就糟了，所以对谈后，我回家查了一下词典。在查“danger”的同义词的时候发现，虽然意味着“危险”，但含有和普通的危险稍微不同的意思，词典解释中附带有这样的说明。

乍看之下，“risk”这个单词的后面写着“含有刻意去抓住危险的机会”的意思，也有道理。这样的话，我同意确实没有完全吻合其意的日语。

好像变成了在上英语课似的，不过我和幸田先生的对谈中意见一致之处是：可能日本甘冒风险的人比较少。浑然不知却碰上因泡沫经济而遭受损失的人，只是不懂得暗含危险才那么做，说起来很傻，并不是一开始就打算要“抓住有风险的机会”。

一心想着“只要大家一起做就不可怕”而去做，“要失败大家一起失败”正是日本人得意的事情。凭着自己的个人判断而采取“暗含风险”的行为的人可能很少，多数人都认为不要“犯大错”的人生比较好。我想这也是一种生活方式，不过在当下全球化的时代，可能就不是这样了。

在这里，或许慷慨激昂地说“日本的政治家能甘冒风险的人太少了”固然很好，但在那之前，不妨考虑一下，自己过去曾经“冒了多少风险”以及“以后打算冒什么风险”，那么或许遇到风险时也会觉得很有趣吧。

宗教处方笺

大约10年前我写过《心的处方笺》这么一本书，心里想着自己写的只是一些常识，没想到却变成畅销书。不但如此，也因为文章长度适中，因此常出现在大学和高中入学考试的试题中，成为考生心中烦恼的来源，我觉得很过意不去。

其实这本书我从一开头就强调人的心是不可能被了解的，因此应该也不会有“处方笺”这东西。不过虽然没有好的“处方笺”，但或许可以成为自己思考时的参考，我是以这样的心态写的。或许正是因为这样反而打动了读者吧。

然而，事先声明不应该有“心的处方笺”，但宗教却有，我也感到很惊讶。人生中，以为不可能的事情却很可能发生。

挂川市榛村纯一市长提出想跟我谈谈有关二宫尊德的事情。榛村先生是一位以提倡终生学习而闻名的市长。

一听到二宫尊德，很容易联想到“奉安殿”[①]和“军国主义”，其实二宫尊德和这些没有关系。很多小学的校门口都建了他的铜像，大家也视其为修身教育的典范，其实这是误解。长久以来我也有这样的误解，但某本书却说他在日本是罕见的合理主义者，现代人只是参考了他的想法。

因此，我很高兴和榛村先生见了面，谈话间突然冒出“宗教的处方笺”这一话题。

“尊德虽然是一位相当了不起的合理主义者，不过宗教上不知道怎么样？”我这样问，榛村先生仿佛等着我这句话似的，他说关于这点，尊德自己曾经半开玩笑地说过：“神道一匙，儒佛各半匙。”

或许，也可以说是“神儒佛正味一粒丸，神道一匙，

① 20世纪20年代后半期到30年代，在学校一角设置供奉天皇御照和教育敕语誊本的地方。

儒佛各半匙”。果然是“宗教的处方笺”。

这里所谓的“神道”，当然不是指神道教等。说得极端一点，基本上可以说是 animism（万物有灵论）[1]。

这个用语从日本人普通的宗教观来思考也相当妙，可以说其中含有一种幽默感。一提到宗教，有人就会忽然变得很不自在，不过在说到一休和尚或良宽时，带有幽默感的地方也可以令人感觉到宗教的本质。对这些佛僧，有显示尊德的处方笺，那么当我被问到“你的处方笺是什么”时会怎么回答呢？我想可能没办法说“佛一粒丸”吧。

“9・11”恐怖事件以来，在思考世界形势时，我觉得日本人的“宗教”意识似乎也提高了。在全球化浪潮之下，如果完全不顾宗教的存在，人类似乎无法生存下去。那么，不妨试着想一想，自己的宗教到底是以“几匙什么”所组成的。

① 宗教最初的超自然观之一，自然界的一切事物在拥有具体形象的同时，也拥有各自的灵魂和精灵的信仰。

“紧张”心理

在别人面前讲话时会紧张怯场，把该说的重要话忘了，同样的话却重复说，事后又感到很遗憾，但也没办法。在舞台上要表演什么技艺时，就更“紧张”了，因此常常会出乎意料地失败。因为学了心理学，所以常常听到有人说，教一下防止“紧张”的方法吧。

然而，我自己也没想到有一天必须站上舞台。因为日本长笛节在东京文化会馆举行，说是请文化厅厅长吹长笛，因此我好像变成了招徕客人的狗熊布偶那般，在20个人的长笛管弦乐团伴奏下演奏了一曲。总算吹完了，被日本长笛协会副会长、著名长笛家峰岸壮一先生在宴会上嘲笑说“我发现心理学家也会紧张”，这引起在场人士哄堂大笑。我想由此可见，“紧张”是没有预防方法的，不过这次，让我们来思考一下有关“紧张”的情况。

所谓“紧张”，总之是有别于平常意识状态的某种特别的意识状态。所以，难免会发生意想不到的失败，而无法发挥平常的实力。于是便想到要如何预防紧张，但不紧张难道就是好事吗？

在舞台上表演本身就不是什么“平常”的事。这对观众或听众来说，应该也都不是“普通”的事情。如果是演戏，在舞台上会有人死掉、有人结婚，要说全都是谎言确实也是如此。观众明明知道这些，却还是会哭、会笑，还是会被这不平常的状态吸引进去。这时候，如果演员完全冷静的话，会怎么样呢？会把观众当傻瓜吗？

音乐也一样。正因为可以通过音乐去接触不平常的世界，因此而有所感动，心灵获得疗愈。运动也因为能发挥超越平常的力量，才能大获全胜。

那么，“紧张”不但是必要的，而且是重要的事情。所谓“紧张”正如文字所表现的那样，是意识进入不平常的状态。正因为“紧张”，才能出现精彩的演奏或杰出的演技，观众也能获得爆发性的感动。

然而，接下来的难题是，过度紧张会造成失败。就像刚开始说的那样，我们如果因“紧张”而怯场，就会遇到意想不到的失败。

要如何才能“紧张得不过分”以至于怯场，有这种方法吗？我想，能做到的人就真的可以成为专家了。或者，也可以说他们是不管怎么“紧张”，都不会失败的人吧。

例如，已经演过100次《哈姆雷特》了，所以下次绝对不会紧张，这样想的绝对不是名角。演101次还是相当紧张的人才真是名角。而且，不管多紧张都不会失败，这一点是背后是有充分练习在支撑的。

当然，我要补充说明的是，像我这样练习不够而紧张的情况，是不足挂齿的。

嫉妒

人的感情之中，“嫉妒”是相当棘手的。不管是嫉妒的人还是被嫉妒者，都会被逼到毫无办法的地步，有时候会引起完全意想不到的悲剧。

“嫉妒”，从字面上也可以知道，在女性中比较常见，不过也有人说“男人的嫉妒比女人的嫉妒更可怕”。其实这是彼此彼此，从找我咨询的人来看，我很难说到底是男人还是女人的嫉妒心更强。

嫉妒的前提是“爱”，以恋人之间的爱最多，但亲子、兄弟姐妹、朋友之间也有。当爱上一个人时，就会想办法和这个人一起共度时光，而且希望对方也能以同样的方式对待自己。然而，对方的心却向着别人，这实在让人受不了，于是生气、憎恨、羡慕，各种感情一起涌上来，怎么也压制不住。

不过，嫉妒有时也和“爱”没关系。对于自己想拥有的珍贵东西，别人竟然先得到了，对那个人便会产生嫉妒。无论是地位、财产、名声或其他什么，只要是自己没有的东西别人先有了，就会开始嫉妒。这时候，往往会觉得那个人和自己同样是人，为什么他有我没有，就这种心情在作祟。“同样是人，为什么自己要吃亏？”这实在让人受不了。

这样的判断过于一厢情愿，忽视了两个不同的人获得珍贵东西的条件有差别，往往也没看到对方的努力。而且一旦被嫉妒心所捕获，就很难脚踏实地去努力，因此自己的脚步也乱了。

以为爱而嫉妒的情况为例，这种情况也不能算是真正爱得很深，只是想“占有”对方罢了。自己想要的珍贵东西被别人抢先得到了，这种心情更加强烈，但占有和爱并不是一回事。

瑞士心理学家荣格说：“嫉妒的核心是爱得不够。”嫉妒看起来好像和爱有关，但本质上却是爱的缺乏。但这么一说，也让我们想到爱之深、之难。能够不嫉妒的爱，说起来，真的实际存在吗？

换个话题，嫉妒对人来说，是永远的问题吗？全世界的故事中都谈到了这个话题，让我来介绍其中一个。

大国主命的妻子须势理姬是嫉妒心很强的女性。丈夫因受不了而离家出走时对妻子唱歌示爱，妻子也回唱道“除汝无男，除汝无夫”，最后互相拥抱，恩爱如初。两个人因为互相坦白自己的感情，从而加深了爱。真是个美丽的故事。

创造的退步

现在，“创造性”非常重要。关于这一点，心理学上有“创造性退步”的说法。

“退步”一词有两种意思。例如，三四岁的孩子有弟弟或妹妹诞生时，希望自己也像婴儿一样被母亲宠爱，便会忽然开始像婴儿一般说话，或忽然尿床。换句话说，就是“退步”到了成长以前的状态。大人有时也会忽然变得孩子气，做出像小孩的事情，或出现工作偷懒之类的情况。

这时候，因为没有适当使用自己该用的能力，而自以为是心的能力“退步”了，这时候自然也会用到“退步”一词。不管是何种事情，情况都是类似的。

“退步”经常伴随着不好的印象，但我们在研究创造性工作者的心理状态时，却发现创新之前会出现“退步”的现象。仿佛能力消失了似的，只会一直发呆，或走来走去，或做一些孩子气的事情。然而能力却在“进步”中，新的创意终将诞生。

当然，在“退步”之前会拼命思考或努力去做各种调查。然而，在想尽办法依然无果的情况下，陷入退步状态时，才开始产生心的深层创造性作用。

我在某个企业谈起这种创造性退步时，有人立刻发问，说他脑子里会忽然想到专利的创意，想对别人说明什么或努力想说明时，他觉得那跟“退步状态”完全不同，这该怎么解释呢？

我非常欢迎这类问题。在被刺激之下，我也不得不提出新想法。

每个人都拥有自己理解事情的系统和框架，这框架相当坚实且不容易改变。因此，人活着其实并不那么具有创造性。

所谓创造性退步，是一种想办法让那框架软化的状态。从拆除框架外围的铁箍的状态中忽然产生新的东西，再联结到创造中去。

在说服他人时，情况又如何呢？这时候因为不得不使用心的能量，因此当然不能退步。

但是，因为别人在某种意义上是和自己拥有不同框架地活着，所以在试着说服他人时，会放松自己的框架，试着稍微改变自己，以配合对方。而且，说服他人这件事也可以比较客观地去审视自己的想法。

因此，脑子里会忽然浮现新的想法。与其说有没有退步，不如看看自己能脱出框架多少。或许可以说能不能客观地审视自己，才是创造性的要素吧。

摄言障碍

或许有很多人看到这标题，会以为打错字了。这是最近模仿“摄食障碍”所造出来的新词。当然，本来没有这个用语。

摄食障碍是厌食症和贪食症的总称。厌食症是指失去吃东西的意愿，或想吃但无法吃的状态。得这种疾病的人会日渐消瘦，严重时甚至会丧命。

贪食症则是相反的状态：一直想吃，不管味道怎样都往胃里塞，最后将吃的东西全部吐出来。有时候这也会致命。

然而，像这种厌食症，最开始是贵族的病。换句话说，食物贫乏的人是不会生这种病的。那是从20世纪开始，也就是食物种类变丰富以后，厌食症突然盛行起来。当然，只在所谓的发达国家，越来越多的人开始因为这个而苦恼。

在摄食障碍的治疗中，临床医师会采取各种方法，我从这件事联想到似乎可以称为“摄言障碍”的情况。有某种“病”正在横行中，但大家却似乎没有意识到这是一种“病”，但病人本人和其周围的人可能正在烦恼中。

也就是说，一切变得太富足了，无论书籍、网络等，言语资讯因过度丰富后，似乎引起了摄取障碍。或许因为到处充斥着书籍，因此而不读书的人反而增加了也不一定。

我常常举这个例子，喜欢读书的父亲认为书籍对孩子有益，因此买了各种儿童文学全集，孩子却看也不看一眼。于是，到我这里来咨询“现在的孩子为什么不读书呢”等问题。实在是因为书太多了，让孩子产生了“厌书症”。

和这相反的是类似贪食症的情况，所有知识、各类资讯都“一律囫囵吞枣”，没有时间消化，结果便无法成为自己的东西便被吐了出来。

因为有胃的存在，吃到一定程度是否会厌食或贪食，比较容易知道。然而对于语言的情况，因为很难知道自己需要的量，所以很难判断是“不想吃”还是吃过多了。在这里无法自觉自己是否已经有“病”了，这正是棘手的地方。

而且，现在可以通过电子邮件轻而易举地与人对话，因而不去区别交流的语言是否经过“料理”就直接吞下。换句话说，有些带“泥巴”的素材也就那么吞下去了，因此我想，可能有人就因此患了消化不良或中毒的疾病。

为了避免摄言障碍的情况增加，在语言摄取这一点上，不妨好好思考过去没有留意到的事情，然后好好去品味。

火锅感觉

最近，我听到一个惊人的消息。据说某所大学的学生旅行外宿时，大家一起吃火锅，结果有人困惑地说："要怎么吃呢？"

有的学生没有动筷子，说是不知道该从什么开始吃，该吃多少。因为有生以来从来没吃过火锅，所以很惊讶，不知道该怎么办才好。

我听到这种事情后，看到了作家五木宽之在《朝日新闻》的"猫头鹰的夜郎"专栏中有一篇《寿喜烧火锅》。里面写到五木先生小时候吃寿喜烧的回忆，和我小时候完全一样，因此觉得很高兴。

当时，寿喜烧火锅是非常不得了的盛宴。但是，一般不会放多少肉，而且切得很薄。火锅中的主菜是青菜、蒟蒻、豆腐等，在菜底下藏着一小片肉。全家一起伸手举筷子夹，各自挑喜欢的尽情吃。据说这词从用“锄头”烧肉而来[1]，家庭料理的寿喜烧火锅经常是放又薄又少的肉，并不足以用烧的。

虽说可以随自己喜欢吃，但其中却有默契的规则，不可以自己一个人吃很多肉。而且，父亲可以稍微多吃一点，母亲少吃一点，大约是这样。

大家高高兴兴、吵吵闹闹地说着话，享受一家团圆、聊天的乐趣，以锅为中心，家庭气氛有说不出的其乐融融。试想起来，这难道不正是日本人学习人际关系典型的家庭教育的场所吗？

在这里所进行的事情，严格说来就像这样。

1. 没有任何规则，个人可以依照自己喜欢的去做。
2. 但是，不可以只有自己占便宜，每个人必须考虑到全体成员的调和。

这并不是很困难的规则，然而在场的全体成员却在不

① 明治维新以前，日本人不喜欢吃兽肉，于是在屋外以锄头铁面将兽肉切薄烧来食用。

知不觉间学到了吃火锅的感觉。对于觉得这种事情有什么值得大惊小怪的人，就像一开始说的，为了不知道该怎么吃火锅而困惑不已的学生那样。我想指出，最近的孩子也有因为没学到这种感觉而让大人感到烦恼的。

就像这里提到的，日本的父亲在家里并不会特别用语言教孩子，人与人之间要“如何交往”，但在吃火锅时，孩子自然就会学到。这就是普通的家庭教育。这是相当有效的方法，在这里我只是举寿喜烧为例，其实日常生活中有很多习俗都是在无言中自然而然进行着家庭教育。

然而，因为经济富裕的结果，日本人的生活发生了很大的改变。家庭的寿喜烧变成了以烧肉为主的寿喜烧，虽然营养丰富，但家庭教育却丧失了。

在物质生活富裕的日本，家庭教育要怎么办才好？值得我们认真思考。

心波感应

这个标题是我新造的词语，当然是从模仿“心电感应”而来。

电波真是了不起的东西。长久以来，人类完全不知道有这样的东西存在。不仅是电波，说起来连电子通信的出现也让人类大吃一惊，这也是最近的事情。

小时候，我听说有位父亲要寄衣服给身在远方的儿子，但被电线绊倒跌了一跤。那时听到这么粗心大意的父亲的故事觉得很好笑。然而，现在已经不再需要肉眼看得见的电线，而可以通过看不见的电波来通信了。

和远方的亲友可以轻而易举地沟通，是件多么美好的事情。20世纪50年代左右，当时我在美国留学，电话费非常贵，和家人的通信完全都要用写信的方式。就算那样也觉得航空信可以很快就到达，真方便。

然而，现在怎么样呢？由于IT的威力，可以瞬间实现与全世界任何一处的通信交流，世界情势也可以立刻得知。有人对此开玩笑道：“虽然可以知道全世界的天气，却还不知道府上正被台风吹得东倒西歪吧？”

虽然因为电波的关系可以和世界各地通信，但和自己身边人的“心波交流”通路却是切断的、关闭的，不是吗？

心和心能“通”，这件事真是不可思议。有人能通，有人不通；有时候通，有时候不通，各种情况不一而足，毕竟“通”是需要努力和用心的。

IT也不是什么都不做就能通的。必须先买齐设备才行，也必须先学会操作方法。心波交流的情况要如何努力和用心呢？它和机械的“操作”也不一样。

然而，过分热心于操作机械时，或许会产生错觉以为心波也是可以操作的。于是，终会把心波回路关闭，落入和谁也不通的孤独境地。为了避免这样，我们有必要重新好好思考，努力学习心与心的联系方法以及人与人的相处方式。

我在思考这件事情时，曾发生了一件极具有象征意义的悲哀事件：三个人通过邮件通信集体自杀。这些人可能真的非常寂寞，而通过电脑网络可以感受到彼此的心是相通的。结果，三个人就相约一起，采取“切断”和这个世界联系的行为。

在这里所显示的“联系”和“切断”的两种相反说法中，和电波、心波都有关，让我深深感到活在当代的困难。

心相通的根本，在于与“操作”相反的方式。这和要如何利用对方、如何才有用没有关系。总之，只要人能够在一起就很高兴了。我希望大家不要忘记这是心波交流的基础，发信和收信都是自然进行的。希望能珍惜心的自然联系。

好朋友吵架

没想到感情非常好的朋友竟然会吵架，原因是芝麻小事，后来居然闹到分手的地步。周围的人都无法相信，竟然会有这种事。

我找到一个思考“好朋友吵架”的典型例子。佐佐木彻有一本著作《东山魁夷的故事》，正如书腰上所写的“战后日本代表性画家，东山魁夷的生涯”那样，触及了伟大艺术家的风貌，真是一部非常美好的作品。但在这不多做评论，只提书中所述的下列插曲。

东山魁夷兄弟感情非常好，他非常疼爱弟弟泰介。初中二年级时，有一天泰介来向他借铅笔。新吉（魁夷的本名）本来要说：“好吧，拿去。”但不知道为什么却说成：“不行！你用你自己的铅笔吧！”

弟弟撒娇地说，自己的铅笔断了。

“断了，就削啊！”

这样骂他，弟弟气得在榻榻米上“咚咚咚”地大声踏步准备走开，新吉也火大起来，拿起枕头便朝弟弟头上丢去。后来当然就吵了起来。

过一会儿，新吉忽然觉得弟弟很可怜，就想明天去抓蝉给弟弟。当弟弟泰介走过来时，便给他饼干吃，又说明天会抓蝉给他，两兄弟就这样和好如初了。

两个人，甚至更多人之间的感情太好时，会变成仿佛“一心同体”般。这样固然很好，但有时候同体得过分了，“心”会在自己不自觉的地方开始觉得拘束。毕竟再怎么说，人都是个别存在的不同个体，不可能永远都“一心同体”。

以新吉的情况来说，可能因为正处于青春期，心的独立性便提高了。因此，心思超越平常的动向，忽然从底部冒出许多新念头，发出出乎意料的强硬语气。弟弟吃了一惊，还像平常那样撒娇想恢复关系，结果碰了一鼻子灰。其实并不是兄弟感情不好，也不是弟弟不好，是一股连自己也控制不了的力量在作怪。

把原本很好的兄弟友情勉强拆开，那是极端不讲理的，还说出严厉的话来，因此终于闹到吵架的地步。你一言我一语地互不相让，甚至互相挖苦，彼此揭疮疤，弄得局面难以收拾。

看看周围的情况，或看看历史实例，应该可以找到这类例子。

亲兄弟，因为彼此的友爱，加上血缘关系，因此能让僵局顺利化解。看到这个例子就可以知道，“兄弟吵架”在人生中其实是很重要的学习机会。

这么想来，我觉得从小到大经历过兄弟吵架后又和好如初的人，长大后即使与人争吵，似乎也比较擅长事后的关系修复，您觉得呢？

不可能发生的事

埼玉艺术剧场曾于2003年上演莎士比亚的戏剧作品、蜷川幸雄导演的《泰尔亲王佩力克尔斯》（*Pericles, Prince of Toyre*）。在这部被称为浪漫剧的莎士比亚晚年作品中，陆续发生着被认为“不可能发生的”意外之事，因此主角佩力克尔斯从被推入不幸的谷底开始，接着又陆续发生了一连串“不可能发生的”事情，最后达到一个幸福美满的大团圆结局。

本来是“不可能发生的事情”，但在舞台上发生时，反而让人感觉到是发生了应该发生的事情，观众由此产生一种“对了，对了，就该这样”的感觉，最后全体站起来鼓掌。之所以能够吸引观众的心，一来因为原作精彩，二来也因为有将作品进行现代化诠释的导演以及演员们的努力和用心。

这出戏在主场伦敦也上演了，想必也收到了满堂喝彩。我想，一定是一场深获国际好评的杰出公演。

这里暂且不提对戏剧的评价如何，我还是想到了自己专业领域的心理治疗方法上。虽然我写到那是“不可能发生的事情”，但仔细想一想发现，在心理治疗的过程中，重新站起来的人，可以说全都是经历过“不可能发生的事情”的人。说起来，“不可能发生的事情”其实是“一定会发生”的。

换句话说，很多人似乎都喜欢把事情想成“不可能发生的”。被贴上标签的不良少年，被认为“不可能”改邪归正；“酗酒的父亲”，被认为“不可能”成功戒酒。为什么一定要这样认定呢？因为对人来说，将事情看作注定如此比较方便。A注定就是A，这样想事情比较简单。

本来，“不可能发生的”事情确实不太容易发生，就算发生了，往往也可能会逆转回去。

“以后真的要好好做人”这话不知道说过多少遍，仿佛成了口头禅。酗酒的人宣称要“戒酒”，听的人也不会多高兴，或许因为天真的期待总是落空的关系吧。

据精神科医师中井久夫说：“对病情最大的处方是希望。”我很喜欢这句话。确实，与其说东道西，不如以拥有不动摇的希望来对待人，才是我们心理治疗师的最大任务。

话虽这么说，但我常常遇到专门打消别人希望、专浇冷水的名人，因此这也不简单。遇到这样的情况时，我会想自己拥有多少通往希望的心之通路，这是制胜的关键。就算其中一两个希望破灭了，也无所谓。

从这方面来说，接触像《泰尔亲王佩力克尔斯》这样的舞台剧，体验接二连三发生的“不可能发生的事情”。我觉得内心受到鼓舞，心中的希望也增强，并庆幸希望因为看戏而有所增强。

家庭震灾

阪神淡路大地震时，很多人表示关心“对心的照顾”，以至于普通人也大多知道心理受伤后的应激障碍综合征（post-traumatic stress disorder，简称PTSD）这一用语，而到现在还有人在背负着这种伤痛。

很多人共同经历过灾难的恐怖体验，也常常看到灾后的惨状，因此认为事后必须设法做好“对心的照顾”十分重要。所以，可以动用许多人力和资金，从事心理复健工作。

然而，有些家庭内的“灾难”情况就不同了。在这里所谓的家庭内的“灾难”，指的是动摇家庭的某种灾难性事件。正值壮年的父亲忽然遇到事故去世，或者家里遇到火灾烧掉了所有家当，任何家庭都可能遇到这种“家庭灾难”。这必须靠个人的努力才能克服困境。有时候，正如所谓的“雨淋过的地才能变坚硬”，家人团结一体经历过灾难性事件，同心协力克服困难之后，彼此的心应该会结合得更紧密。

今天我想提出来的不是这类事情，而是小孩感受到“大灾难”，而父母却毫无感觉，即因感受不同所引发的问题，这被称为“家庭灾难”，也就是“夫妇吵架”。

对孩子来说，可以依赖的就是父亲和母亲，而这基础竟然动摇了，所以是名副其实的“灾难”。对小孩来说，感受如临“世界末日”一般。然而，大人呢？事后还能以成人的智慧含糊带过，很干脆地和好如初，觉得“没什么大不了的”。这在孩子心中就产生了很大的落差。

有些孩子看到父母吵架茫然不知所措，无法专心写作业，被老师严厉责骂“好学生怎么变成这样”，心被伤得很深，也有些孩子甚至无法重新振作起来。

话虽这么说，但我并不是说“夫妇绝对不可以吵架”。当然不吵架最好，一次都没吵过架的家庭或许不会发生“灾难”，但这种家庭几乎也毫无生气。这样的话，孩子或许会因为寒冷而苦不堪言。

孩子看到父母争吵，会体验到“灾难”，但事后从父母的态度、跟兄弟姐妹的关系以及事后的“人生学习”中，伤痛可以自己痊愈。如果“灾难”的程度不严重，孩子也会知道没那么可怕，并顺利成长。说得极端一点，人就是在受伤后自己痊愈或被治愈的过程中逐渐成长的，一味地害怕受伤也不行。

可是，如果孩子的心灵受到创伤而父母却漠不关心，并且竟浑然不觉自己就是震源，当这样的落差加大时，孩子以后的人生将受到很严重的影响。这时候，因为“震灾”完全是个人化的，因此完全得不到任何人的同情和支援。不但这样，往往还要受到“怎么搞的！振作起来呀”之类的责备。

我因为常常见到这样的孩子，所以忍不住想这样说。夫妇偶尔吵架固然可以，不过也要稍微顾虑到孩子心理的“震灾”才好。

往涅槃的路程

进入老龄化社会之后，“老化”问题之棘手常常成为话题。我也快要75岁了。因为已经到了适合称为“老人”的时候，所以“如何老去”成为重要问题。最近，我看到一本书，上面有许多富有启发性的内容，或者可以说从中获得了很大的勇气。

筱田瀞花的书法作品集《凛·生命曼陀罗》，是书法家筱田瀞花女士被鹤见和子女士的短歌所感动，而将那些歌写成书法的作品集。短歌和书法，各自拥有不同的魅力，却能巧妙融合成美好的作品。

我相信很多人都知道鹤见和子女士，不过为了慎重起见还是在这里简单介绍一下，她是一位有着国际视野的、活跃的社会学者。

鹤见女士因为脑溢血而中风，然而，在复原的过程中却意想不到地自发从内心、从脑中涌出的短歌。鹤见女士年轻时曾很喜欢短歌，但自进入学术世界后，与短歌的缘分便被完全切断。但这些歌却在她病倒之后，身体逐渐复原时出乎意料地喷涌而出。

半世纪来的死火山轰然冒烟成歌之火山。

这首短歌，是鹤见女士第一本短歌集《回生》的第一首。看到这个，相信谁都能感受到鹤见女士的体验在原原本本地传达过来。我看到之后也在深受感动之余，在某专栏文章中提到过。

然而，筱田女士则是在照顾生病的丈夫疲倦极了的时候，遇到《回生》，打内心受到鼓舞的。然后，又接触到鹤见女士稍后出版的《花道》，并在这两本歌集中选出自己喜欢的歌，创作了她的书法作品。

《花道》中也收录了许多优美作品，而我也被这书名所打动。说起来，因为我和白洲正子女士曾经亲近地交往过，她一度危笃，又奇迹般地康复时，曾对我谈起她所经历的濒死体验。

那真是名副其实的《花道》，她感觉“如果是这样的话，我一个人也可以走，没问题”，于是一边说“没问题、没问题”，一边往前走。我想起白洲女士的《花道》时，就感觉到被这书目吸引住了。

《凛・生命曼陀罗》中的每一篇书法都各有味道，不过我对下面这首印象特别深刻：

缓缓地逐渐接近自然，不言老去道往涅槃。

确实，由于老化的关系，身体逐渐不听使唤，动作也渐渐迟缓，心的动念也变迟钝了。鹤见女士把这当成“接近自然”，感觉像是前往涅槃的路程。

这么说来，从老到死的道路，虽然难免伴随着恐怖和黑暗，但渐渐地总能感觉得到解脱。而且，筱田瀞花女士的书法能极巧妙地表现好像还很遥远的涅槃却仿佛近在身边一般。

最后再介绍一首我喜欢的歌：

即使枯萎了，这枯萎依旧美丽，信步置身于这花道之间。

第四部分

生活中的神

个人主义

日本人现在已经知道尊重个性的重要性了。但是，因为还不太了解西方的个人主义，因此从欧美人的角度来看，却成为日本独特的“个人主义”。

有人不重视社会，忽视和他人的人际关系，变成自己随便来的个人主义。有些日本人发现了这点，就发表“所以西方的个人主义不行嘛”之类的错误见解。

在我最近编辑出版的《探求日本文化中的“个人”》一书中，我和澳洲社会学者，也是精通日语的澳籍知日家保利娜·肯特（Pauline Kent）先生谈论到“日本人的个人主义”。我觉得这对现在的日本人非常重要，因此想在这里介绍出来。

肯特先生的思想并不是说，最近的日本年轻人太“自我中心”了，而是说之所以会教养出这种年轻人的主要原因和日本家庭及家人的生活方式和想法有很大关系，并举出令人信服的具体实例说明。

首先，肯特先生指出，日本家庭房间的用法和欧美家庭完全不同。在欧美，小孩到了一定年龄后，父母就会给他们一间自己的房间，但那只是卧室不是个人房间。除了睡觉和换衣服之外，孩子大多时间都和家人在一起，不是在客厅就是在厨房或餐厅。

“孩子和父母争论，或和兄弟姐妹吵架，都发生在客厅或其他公共空间。所以在家人这个小团体中，可以学到人与人之间生活与相处的困难和美好。”肯特这样说。

“如果孩子关起门，躲在房间里不出来的话，父母会以为孩子有什么异常，会立刻敲门和孩子交谈。然而，日本的父母却以为放任孩子躲在房间里就是尊重他们的隐私。”

肯特先生指出的现象确实没错。原来是为了培育个人而设的“个人房间”，在日本反而变成为了达成个人主义必须训练人际关系的逃避场所。

其次是家人的相处方式。家人应该一起吃饭，可以一边在餐桌上愉快交谈，一边学习用餐礼节，并以“个人”成长下去。然而日本现在怎么样呢？家人多半是单独分开吃饭。

而且，家庭里的一切事情都逐渐同一化、商品化，家人很奇怪地变“平等”了。这样一来，真不知道谁该负起责任，来执行培养孩子成长为“个人”的成人所必要的教育了。

日本的父母只关心孩子有没有“用功读书”，却疏忽了培养“个人”的人格教育。

在感叹最近年轻人的所作所为之前，日本的大人似乎应该回头看看自己的生活，有必要检讨一下自己是否在助长“个人主义”的产生呢？

囹圄

标题的两个字，您读得出来吗？老实说，我完全不认识。“囹圄”的意思是监狱、牢房。

这是出现在筒井康隆原著、东阳一导演的电影《我的祖圄之人》中的词语，我心想这是什么意思呢？故事就从这里开始。中学生珠子时常被人欺负，正痛苦得不知如何活下去时，“囹圄之人”的祖父从狱中出来。影片开始展开珠子和祖父的故事。

看到“囹圄”这个词时，虽然心想这两个字都被关在四方格子里，不过名副其实指的正是生活在栅栏里的意思。虽然喜欢自由的人讨厌被关起来，不过“被关起来”也有正面的意思。

本书在《蛹内蛹外》一文中，写过人类青春期就像是“蛹”的时期。人类在完成巨大变革的时候，从外面看起来好像关闭在壳内什么也没做，其实内部却必须经历巨大的变化。

珠子所经历的“蛹”的体验，虽然非同小可，但为她保护住那外壳不至于破裂的却是祖父。为了不剥夺大家看电影的乐趣，我就不在此详细叙述剧情，这位祖父似乎是守护少女的理想形象。

菅原文太饰演的祖父形象相当感人，令人禁不住想问，现在还有这种老人吗？其实很久开始就经常出现“守护”少女的老爷爷。父母往往为了孩子的成长而焦躁不安，或自己的事情已自顾不暇，很难“保护”孩子。有些父母因为急着想看到孩子的成长，而忍不住想要“破茧”偷看里面的情形。

虽然现在难得有这样的老人，不过这位祖父却是蹲在牢狱里长达13年的人。也就是说，或许他把13年的囹圄生活当成“蛹”的体验来活用。在这期间，当其他老人都已经“现代化”，丧失了足以“守护”子孙的坚强和勇气时，他却能蜕变成伟大的“祖父”。

当然，并不仅限于青春期。人类要茁壮成长，都需要经历某种类似“蛹”的体验。

由于祖父的努力，珠子才能度过“蛹”的时期，然而正当她要迈向新生活时，祖父却突然去世了，这让大家都深感悲哀。

然而说到蛹，总是伴随着曾面对亲人死亡的人，这不禁让我想起因《论死亡与临终》而闻名的伊莉莎白・库伯勒-罗斯（Elisabeth Kubler-Ross）的演讲。她说：“对人来说，在这个世间的生活好比‘蛹’，而死则是变成‘蝴蝶’飞往死后的世界。”

祖父变成蝴蝶飞往了死后的世界，而支持祖父度过蛹的体验的，难道不正是孙女珠子吗？出乎意料的是，并不是谁单方面对谁有帮助，而是互相帮助的。

防止烧光法

最近，我受日本医学会总会的邀请，发表了一篇题为《医疗者的心理健康》的论文。我很佩服托我发表这个题目论文的医学会的见识。平常为了患者的身心健康而卖力工作的医生，也应该注意自己的心理健康才行。

我想说说其中的一些论点也适用于一般人，那就是所谓的“烧光症候群”。大家拼命地为工作卖力，长久下来，忽然失去了工作意愿，变得有气无力，像个“烧光”的空壳一样。

在医疗场合，由于患者是活生生的人，因此在努力工作“为患者全心付出”时，不知不觉就会忘记自己的极限。但不多久，“烧光症候群”便会急剧发作。

于是，为了不要“烧光”，而有了要保留自己的力量，工作时要经常考虑到极限这一想法。这种做法就是有人可以一边令人觉得工作卖力，一边还能把时间和精力花在兴趣上，并且元气十足地享受生活。

工作不要过分，注意节约精力，但依然有人露出疲倦的神色，关于这点我下次有机会再说明。在这里，我想试着先来说说，一边卖力工作，一边还保留部分实力的人。

在这里重要的是，所谓的“疲倦”，并不只是指身体能量，其实和心的能量消耗也有关系。身体的能量只要使用就会消耗，必须靠吃饭和睡觉来补充。只要循环顺利，稍微勉强一点还是可以恢复的。

相对地，“心的能量”使用之后也会因消耗而减少，但在某种意义上，有时候也有越用越多的情况。在这里有必要好好认识才行。

例如，护士不怕麻烦，耐心地对待患者时，患者会打心底说“谢谢你的照顾”，这心意传到护士心里时，她会从患者那里获得心的能量。换句话说，当心的能量的循环顺利时，给予和接受适度调整着，那么心的能量就不会减少。有时候，甚至会感觉收到的能量比自己用掉的能量还要多。

然而，所谓“死心眼”的人，心里总是认为自己在为别人付出，因此对方好意传送过来的心的能量却没有接收到。也就是说，只是在消耗自己的能量而已，自然就会“烧光”。

这一点在所有的事情上，都可以说很重要。就以教养小孩来说，婴儿以微笑对母亲送出心的能量，母亲却没有接收到，结果这位母亲可能会因为育婴而感到疲倦得“烧光”了也不一定。

如果能留意到心的能量的循环，并学习巧妙地接收的话，人可以工作得更带劲，还有余力去做自己感兴趣的事情，并且活得健康又快乐。

对谈的准备

做任何事情都需要准备。就以登山来说，站到山顶几乎可以说只是一瞬间的事，然而为了这件事所做的准备，却必须花费多少努力和多长的时间，没有经历的人几乎无法想象。

以运动员和在舞台上表演的艺术家为例，他们大多经过长期的身体调适和心理准备才能上场。即使这样，往往还会因为没能照预期充分发挥自己的能力而感到懊恼。

谁都知道“准备”是必需的，不过明知很重要，但我们依然经常会遇到“没有准备”就必须面对的场面，那就是“对谈”。

对谈，就算不至于左右一个人的一生，但却可能会产生一生也忘不了的问题，在没有准备也没有觉悟的情况下就去面对，因此导致失败。

如果觉得上中学的儿子言行有点奇怪、焦躁不安、总是回避家人，这无论如何都有必要谈一谈。这种时候，父母通常会在对谈前做什么样的准备呢？这时候谈话的结果，关系着孩子或家族的未来。

那么必须做什么样的准备呢？首先，要调整身体状况。好好吃、好好睡，必须准备好就算彻夜长谈，身体也能支持的状态才行。其次，要有“心理准备”，其实很多人都没有做到这点。

“心理准备”中最重大的事情是，必须彻底倾听对方的话。很多父母虽说要跟孩子“对谈”，但往往做不到互相对话，只会单方面发言。这时候，首先要仔细倾听对方说话。如果没有这种觉悟，没有足够宽容的心，就什么话都听不进去。

父母和老师本来说“你什么都可以自由说出来”，打算倾听孩子的想法，但孩子却什么都不肯说。这种情况经常发生，这就是“心理准备”不够。

运动员要为调整身体状况做准备，但在比赛时，在精神高度集中之下，心情还是必须适度放松才行。换句话说，“开车绷紧肩膀”的状态并不好，全身都紧张是不行的。

虽然父母口头上说“什么都可以自由说”，但大人如果不自由的话，也谈不成。如果大人没有“不管说什么都没问题”的轻松心情，光口头上说“可以”也没有意义。很多大人想做的反而是先把对方的身体绑起来，然后说“你自由地动吧”一样的“对谈”。

有心理准备的对谈既耗精神又花时间，并不简单。我认为一生之中，有必要和家人多做几次这样的对谈。逃避它的人会像面临重要比赛却没有调整好身体状态而失败的运动员一样。

知道对谈要事先准备并去实行，或许可以大大改变一个人的一生。

生活中的神

之前的《宗教处方笺》一文中曾介绍过二宫尊德的“神道一匙，儒佛各半匙”的说法，得到了读者各种不同的反应。有人说这完全吻合日本人的宗教观，但也有人询问，虽然明白意思，但实际上该怎么做才好呢？

听到这，我想起一件事，在跟欧美人谈话时，若说自己是佛教徒，会被问星期几上佛寺？读多少佛经？戒律是什么？如果回答得暧昧不明，他们就会问这也算宗教吗？或者他们会问，听说日本一个家庭里会同时供奉佛像和祖先的神坛，这两者你们到底相信哪一边呢？

对于日本人的宗教观到底如何的问题，我会说道：“日本是把宗教巧妙地融合在日常生活中的国家。”

日常生活中吃饭、工作或走路时，会忽然感觉到“神”就存在其中。在这里我特别提到神，是在强调这和基督教的神和佛教的佛不同，虽然具有超自然的力量，但却是无法明确掌握的存在，也是能够支持有生命的东西的“生命力”般的存在，我们大体上称之为“神”。当然也有人称之为“佛”。

“神”本身是看不见，也摸不到的，但我们在品尝食物、感觉微风吹拂脸颊、听到蝉鸣的声音时，却可以感觉到背后神的力量。当我想到这正是“神道一匙，儒佛各半匙”的例子时，却偶然看到一部完全符合这观点的电影，那便是何濑直美导演的《沙罗双树》。这是一部可以感受到日本人的宗教观的美好电影，也是一部把奈良这地方拍成纪录片的电影，不过真是一部很美的电影。无论是街头巷尾的风景、神社庭园的景色，都原原本本地拍出了日本城市和乡村常见的风景，反映了人们住在其中的日常生活。

其中并没有特别介绍戏剧性的故事，或罕见的景观，或由充满个性的演员表演动人的戏剧。但在这些日常生活中，却到处可以看到融合神儒佛为一家的“神”的无形力量。

眼睛看得见的东西、手摸得到的东西，把这些计量起来，追求更大、更高、更快，这所谓的“进步”世界已经丧失的东西，其实还在日本的日常生活中存在着。这部电影告诉了我们这件事。

青春期的男女，双方的家人所说的话真有意思。话不多，谈不上对话的程度，好像什么也没说似的，却传达了超越语言的深刻意思。

这样的电影希望能让外国人看到，我相信一定可以加深他们对日本的理解。不过，我应该说更希望让更多的日本人看。因为我觉得虽然身为日本人，但很多人可能已经忘记电影中所说的事情了。

读书之旅

团体旅行有很多乐趣。从单纯的游玩，到满足好奇心的知性之旅等，可以拥有多种多样的体验。

或许可以做个从来没听过的旅行计划，就叫“读书之旅”。总之组一个团到一个舒服的地方去，各自读自己喜欢的书，然后回家。

我常常听说最近读书的人少了，我最喜欢读书，没有经历过这么有趣的事未免让人觉得可惜。可能有人要说大家各自读自己喜欢的书就好了，话虽这么说，不过我想找到可以提高读书兴趣的方法。不过我这样“多管闲事”，会有人理会吗？

不过，最近朝日新闻社和岩波书店共同推出了所谓

“从早读到晚”的团体旅行计划。这是一次和作家川上弘美一起读书的活动。他们考虑到场所最好在人烟稀少又有学术气息的地方，风景好，又不贵。在兼顾各种条件之后，他们决定到位于福岛县的不列颠丘的神田外语大学的研究机构。这里真是个漂亮的地方，完全符合活动的举办目的。

我担心报名参加的人数少，但人数却出乎意料的多，令人欣慰。由于住宿安排的关系，以两个人一组的报名方式，总共报名376组752人，但只能选40人，能去的无不高兴地欢呼起来。有亲子、夫妇、朋友的组合，从小学六年级学生到超过70岁的老人，组成了一个成员差异大、背景丰富的团体，活动从5月17日到18日。

川上小姐和我选定了10本书，参加者从其中选一本带去。旅行期间，每个人胸前别着写有自己姓名和所读书名的名牌。大家努力读书，想说话的人可以到谈话场所去交谈。读同一本书的人，也可以互相表达各自读过的感想。

也可以只读书，不过这样感觉还有点不够。可是，要写所谓“读后感”，又觉得无趣。正犹豫不知道该怎么办才好时，想到可以把自己读到的觉得印象深刻的地方，在大家面前分别读出来。

于是，我把自己想引用的地方和自己关于这一点的感想，用400字一页的稿纸写了一张提出来。不过，朗读只限于引用部分。在聚会结束前，大家集合起来一起做这件事，我觉得效果非常好。

虽然只在不到一分钟的时间内朗读，但不只是那本书的趣味，连朗读者的个性也会充分显露出来。在川上小姐和我都被要求讲评后，又引起参加者的追加发言。气氛相当热烈，活动也圆满结束。

能够把忽然想到的构想付诸实践，并大获成功，真令人高兴。当然，这要归功于工作人员和参加者的协助和努力。不过从这次活动得到的启发是，如果能在全日本都推广“读书之旅”的活动的话，就更让人高兴了。

耍诈

我听到了下面这件有趣的事。一位社会知名度很高的生意人，工作表现杰出，在业界也颇有信用。这个人的兴趣是下棋。话虽这么说，不过是属于所谓“不高明的臭棋”。不管下多少次都不会进步，不过还是非常喜欢下。

他多半与地位比他低的人下，他们知道他想赢，于是就故意输，但若让他知道的话便会不高兴。他说，要不管输赢认真下棋的人，才是最好的对手。

有一次，他的朋友，不过在这种场合是没有利害关系和上下级关系的，因为喜欢下棋，所以跟他下。当朋友的形势逐渐恶化时，他去了趟洗手间再回来，正要开始再下棋时，觉得状况有点奇怪。刚才明明是自己占优势的，现在状况怎么改变了？这只能怪自己棋艺不高，真悲哀，不过自己上洗手间的时候，对方似乎移动了棋子。

他正想说：“这有点奇怪。”

但一看对方的脸色却是前所未有的悲哀，正以一副很神奇的表情注视着棋盘。当时，他心中闪过“武士的交情”这句话，什么也没说继续下棋，结果他输了。

这个朋友每次赢了总是非常高兴，这次也很高兴，不过不知道是不是心理作用，好像夹杂着一点落寞的样子。

“人真是不可思议。这么有地位的人，也会耍诈吗？”

他这么一想，反而涌起亲切感，从此以后跟这个朋友比以前更亲。他们常常一起下棋，有时输有时赢，不过从此以后这个人似乎一次也没有再耍过诈。上次的事情他也觉得最好不要提起，免得伤感情，因此从来没有再提过。两个人以后还继续来往。

有的人不会在实际的生活中，而是在玩耍时会耍诈。但有时基于“武士的交情”，参加的人可以感觉到人性的味道，这或许是“游戏”的好处吧。

容许不正常的事情发生的并不限于武士的交情。

有人把某件不正常的事当作武士的交情而放过，我会说：“这样不对，这只是对方没有面对现实的武士的勇气而已。”

不是光讲“情”而特地冠上“武士”，而是如果有意的话便可以把对方一刀两断的“情”。这点不能忘记。

如果以小孩为对手，可以不必考虑这种事情，不正常就不可原谅，这是第一大原则。虽然想这么说，不过对小孩，或许还是必须有“武士的情”吧。人，就算某种程度上有某种原则，但一旦遇到特殊情况，只有赌上自己来做决定，也是没办法的事。

打破框架

人只要活在这个社会上，都必须受到某种“框架”的规范。任何社会为了保持秩序，都必须要有各种“框架”，或换个说法叫“规矩”“规范”。破坏这种秩序就不能成为社会了。

我们一边受到各种框架规范一边活着。话虽这么说，但我们从小就习惯了，所以并不觉得特别拘束。不过试想一想，我们每天居然能忍受这么多规范的约束。穿上西装打上领带，每天挤公交到同一个地方。因此，如果把这种事情想成“好拘束”的话，会无法忍受，甚至会做出破坏性的行为，或严重到犯罪的地步。

即使不到这个地步，一直继续在框架里行动的话，灰尘也会越积越厚，从而失去蓬勃的生气。有时候，需要做一下“灵魂的清洗”。

因此，人不管在什么样的社会，都有他们固有的“节庆”。节庆的特征是，可以暂时把框架放下，可以容许无谓的浪费，或随便大声吵闹，容许心灵的翅膀自由飞翔。这时候，人们会把日常生活中所堆积的灰尘扫干净，做一次心灵的洗涤，准备迎接新的生活。

这虽然是必要的，但也很危险，因此某种意义上，很多节庆都是在超越性存在的守护下进行的，多半与神或佛有关。

然而现代社会的问题是，在这样的意义上，原来的“节庆”似乎却在急速消灭中。一般人对于本来应该成为守护者的神和佛到底相信多少？虽说是“节庆”也有很多“框架”在规范着，正因为是日常生活的延续，因此所做的事情都是规定好的，所以可能有时候，一边做着也会一边认为“真麻烦”。

幸亏在日本有些地方还保持着传统中的节庆。但许多住在城市的人，可能过着和这些节庆无缘的生活。或许说得极端一点，我想这种“节庆”的缺乏，甚至可能和犯罪有关。

不过，我最近参加了一次非常美妙的节庆活动。

那是在日本广播协会交响乐团的定期演奏会中，我听了尼洛·桑提（Nello Santi）指挥、奥托里诺·雷斯庇基（Ottorino Respighi）作曲的《罗马的节日》。真是名副其实的节日，华丽地呈现出“节庆的空间”，虽然我一直坐在椅子上，但灵魂却完全脱离框架在那里凌空乱舞。

我想，这可能是当时许多听众的共同体验。这从演奏结束时的掌声音量可以充分反映出来。可喜的是，乐手们也一起鼓掌，这显示演奏者和听众共同体验了一场美好的节庆。

虽说在城市中没有节庆，但实际上像这样的活动到处都在举行。人们不妨各自选择适合自己的节庆去参加，去做心灵的清洗、沐浴。

无名孩子

最近大家渐渐明白“体验”的重要性，很多事情都开始重视起“体验学习”来了。

虽然仅在口头上讨论“社会老龄化的问题”也很好，不过不如亲自到老年人家里去实际“体验”之后，再思考老年人的事情。这时态度可能也会不一样。

或者，不要光死背“水是氧气和氮气的化合物”，最好能在实验室用烧杯和试管亲手实验合成氧气和氮气，一定可以加深理解，也可以启发各种思考和想象。

最近日本推行周末休两天，星期六和星期日休假，于是针对小孩策划的体验学习活动也增加了。这真是一件好事，希望以后也能继续发展下去。

不过对于这种“体验”，希望能更深入地想一想。因为有时候我常常觉得，虽然很多人拥有各种体验，却未必真的体会到了。

例如，即使去访问老年人，却只会说“要照顾他们还真麻烦啊”就了事了；做完化学实验也会轻易忘记，事后什么也不会留下来。其实所谓“体验”是很有趣的词语，意思是“那效果会达到身体”。这和仅用身体去做了什么不一样。往往有人很投入地做了某些事情，但其实并没有真正体验到什么。

那么，在这里所说的“体”是指什么呢？

有关身体的日语很丰富。“切身感受”“重要的地方都体会到了”“肺腑之言”“一肚子火”“痛彻心扉”等，真是不胜枚举。换句话说，一说到身体，其实就表示关系到了心的深处。应该有所谓“身体的智慧”，而“体验”也必须和这有关。

在想着这些的时候，忽然想起一本有趣的书。贝莉·多缇（Berlie Doherty）著、中川千寻译的《亲爱的，无名孩子》（*Dear Nobody*）。这与其说是一本适合青少年，不如说是大人也应该一起读的杰作。书名是从怀孕的女高中生不知道该如何对待自己肚子里的小生命，因此用“亲爱的，无名孩子”（不知道你是谁）的称呼写信给他而来。

女高中生对“无名孩子”说着“我不需要你，你走吧”，结果会怎么样呢？希望你务必读读这本书，我在这里想说的是，这本书如果换成是对读者的呼吁的话，我觉得会变成《亲爱的，没有身体的人》，就像刚才说的那样，我觉得现代人好像逐渐失去“身体”了。

这是因为现代人太重视知识所产生的结果，我觉得在更深的地方甚至和“少子化”有关系。

我深切感觉到我们必须好好理解身体的意义，必须多进行重视身体的“体验”学习。

知道金钱

我曾短期出差到纽约。在那里我看到金融机构的公司广告牌上写着：“我们了解金钱（We Know Money）。”

真是很美式的说法。

任何事情都直截了当，比我们了解“经济”，或了解“金融”强有力多了。因为我们了解“金钱”，所以一切都请交给我们办吧，感觉没有比这更令人放心的了。

虽然这是美式的表达方法，不过我觉得在心理上，现代的日本不也是这样吗？相对于这个，自己就算说“我了解真理”，如果有人问起那能赚多少钱时，结果还是会被换算成金钱的价值吧。

以前也有“了解男人”“了解女人”等说法，但最近比较少听到了。所谓“了解”，是相当有重量的说法，所谓“了解金钱”，我想是经过深思熟虑之后才说的，可是，仅佩服也没什么意义。

人世间有很多比金钱重要的东西。如果大声疾呼“我不在乎金钱”“我不需要金钱”，内心却非常爱钱，那也很遗憾。

关于“了解（know）”我想起一件事情。一位记者采访荣格时说：“你相信神吗？（Believe in God?）”

荣格沉默了一会儿，眼睛骨碌碌地转了一下后说：“我知道（I know）。”这真是非常有魄力的“了解”。

这在欧美也是一个议论纷纷的话题。说是“了解神”，这也未免太傲慢了。本来要完全了解神，对人类来说应该是不可能的，有人这样强烈质疑。

于是，荣格终于这样辩解，“相信”的那些人，其实只是不分青红皂白就说相信而已，那样未免也太肤浅了吧？神是否真的存在呢？如果存在的话，又发挥了什么样的作用呢？是以什么样的形式出现在这个世界呢？我们有必要对这些细节做一番检讨，要去“了解”才行。

荣格花了很长时间对这种事情做了研究调查。不但如此，而且和许多满怀烦恼的人见面。在从事救援他们的工作期间，对那些口口声声说“没有神存在”的人，他慢慢地引导让他们经历到“了解”，并“了解”神是如何发挥作用的。

与其争论相信神，或不相信神，不如问自己对于“了解”神做了多少努力？结果又了解了多少？

不过，对于说“了解金钱”的人，能非常镇定地说“是吗？我了解其他的××”的人，我觉得也很了不起。

恋爱今昔

“我想读的书很多，但时间不够。”一定有很多人这样想。我也是其中之一，因此书房里买后还没看的书堆积如山。不过，出门旅行的时候，从里面适当抽出几本来，在旅途中阅读也很愉快。尤其是碰到感觉“对味”的书时，真是无上的快乐。

最近，我在去美国出差的回程飞机上所读的就是一本“对味”的书。我读得好像飞在空中似的，那是吉本芭娜娜的《羽衣》。

主角萤因为失恋的伤痛回到故乡，故乡是个“像河的间隙的地方”，“故乡的人睡觉时，梦中的河流也紧紧陪伴在旁边，当他们的人生之路走向各方时，心中的背景一直是那条故乡的河。”

在这样的故乡，萤恋爱了。那恋爱，有一种说不出的温柔和透明感贯穿其间。

“人，不经意的温柔，不造作的言语，令我感觉像羽衣一般。”

我一边被这样的文字深深打动，一边想到自己虽然没有羽衣，却“正飞在空中”。我一边望着窗外无限展开的、无比透明的天空，一边为“对味”而欣喜不已。

这么说来，我想到还有一个类似的对味体验。有一次从大阪到札幌的飞机上，读到石井桃子的《阿信坐在云彩上》，那时候我也是在云上飞着。

眼睛注视着窗外的景色，我想起大约4天前在纽约体验到的另一个恋爱故事。那是普罗科菲耶夫（Sergei Sergeevich Prokofiev）的芭蕾舞剧《罗密欧与朱丽叶》。暂且不提芭蕾舞如何，在观看故事时发现，那和《羽衣》很不同。

两者都是美丽的恋爱，应该都可以用“纯粹”来形容。那么，有什么地方不同呢？坦白说，就是直线和圆的差别。

罗密欧的爱是直线式的，一直往前冲；而朱丽叶的爱也在那直线上，一起笔直往前进。当然，在这条直线上出现了强有力的障碍物。虽然如此，两个人这条直线的行动并没有改变，最后正如您所知道的是悲剧收场。

我想，我们年轻时的恋爱观也和这一样是直线式的，和“一直”的表现很吻合。当然，不一定都是悲剧，也有喜剧，有快乐的结局。

《羽衣》的爱则是圆环式的，和“包容”与“被包容”有关。这里没有障碍物，而和这相关的人也都逐渐被包含到这圆环里。相对于罗密欧与朱丽叶强烈的爱恋，《羽衣》却是温柔而优雅的。虽然两者都受到命运的强烈影响，但前者和命运战斗，后者则相对地与命运同流，拥有“像河流一样的智慧”。

罗密欧的爱符合鲜红的血的印象，萤的爱则像透明的河水。

现在的年轻人，到底是以哪一种方式恋爱呢？

感动和疑问

看到标题，可能有人会想这到底是怎样的组合呢？在这里，是指二者同样拥有“推动人的力量”。由于受到某个故事的感动，而想到“好吧，我来做”；或者对某件事情想到“为什么”，在寻找疑问的答案之间，不得不去做各种事情。也有人因为看到苹果落地产生疑问，后来做出了不起的事情。

事实上，我因为“俄罗斯的日本年”活动而到莫斯科去进行与俄罗斯的文化交流。在那观赏了静冈县舞台艺术中心的铃木忠志先生演出的《大鼻子情圣》。铃木先生之所以会演出这出戏剧，并不是因为被原作者罗斯丹的《大鼻子情圣》感动，而是因为心里有一个疑问。

我从这件事中得到启示，现在才写出来。铃木先生的疑问是：在法国写出来的这出戏曲，为什么能感动日本人，让很多人深深喜爱呢？

以这个疑问为出发点，铃木先生起用日本人出演男主角，俄罗斯人出演女主角，而音乐采用意大利威尔第的《茶花女》这样出人意料的组合。他将法国的戏剧在莫斯科上演，给莫斯科观众带来深深的感动。这才是真正的国际性文化交流。

公演非常成功，不过我在这里不提这个，我们来试着想一想开宗明义的那句话。大家都知道感动可以推动人，但铃木先生却写出这样的宗旨：“我的演出动机并不是因为受到戏曲的感动，而是从疑问出发的。”

因为是从疑问出发的演出，因此将日本人所喜欢的另一出外国戏剧《茶花女》的音乐用在《大鼻子情圣》上，产生了这样意外的组合，也提高了创造性。

因为受到感动而采取行动时，人便会朝向新的创造迈进，不过那通常是被动的。从疑问出发的话，因为关系着个人的主体性，因此不知道会往什么方向发展，创造性的要素会被强化。罗斯丹也一样，他的作品会如何感动观众，在某种程度上可以预测，但可能没想到从这里会产生铃木先生那样的疑问吧。

很多父母或老师等大人只喜欢小孩子感动，却讨厌小孩子有疑问，这也是可以理解的。因为小孩的感动是大人“预料中的”，所以可以安心。

至于疑问呢？就不知道事情会发展到什么地步了。因此尽量封闭疑问，鼓励感动，因此，孩子的创造性之芽很可能就被扼杀了。当然，感动固然重要，但对于疑问，大人应该采取开放的态度对待，如果能让孩子所发出的疑问继续发展下去的话，我想或许可以提高他们的创造性。

负责“指导”孩子的大人，不妨把这件事情好好放在心上。

CEO

最近，我常常在各地看到或听到有关“CEO”的用语。这是英文 chief executive officer的缩写，指的是首席执行官。如果称为“经理”，可能会让人感觉地位很高，不过也含有将事情交给某个人负责的意味；但如果说CEO的话，立刻就有此人非常能干的感觉。在全球化倾向日益强烈的现代，日本社会中CEO所扮演的角色也开始重要起来了。

多摩大学校长中谷岩先生所主办的“培养40岁CEO讲座”邀请我担任讲师，旨在培养足以与外国企业对抗的CEO，以一流企业中40多岁的管理者为听讲对象。

不过，我最近有一本书《神话和日本人的心灵》刚出版，书中指出古代神话具有“中空均衡结构”。简单来说就是，支持日本神话中心的神，只有名字却毫无内容，呈现一片“空”的状态。然而以整体看来，很多神在反抗或协调中，却也巧妙地取得平衡，建立起整体的结构来。

如果有谁转强，想要占据中心位置时，就有力量出来对抗、动摇，结果又顺利地回到中空的均衡状态。这种巧妙地运动，也正是日本神话的特征。这种“中空均衡结构”在考虑到日本人的特性时，给我很多启发。当然，我在这次讲座中也谈到了它和CEO的关系。

和“中空均衡结构”形成对比的是“原理中心统合结构”，即中心显示明确的原理，拥有力量，全体受到这种力量的统合。

当我提出这种形象时，相信您立刻就可以感觉到，美国型组织的CEO是属于“原理中心统合结构”。这种美式强有力的姿态最近相当流行，日本也开始盛行领导论。CEO必须把原理、原则明确化，并指出全体人员应该前进的方向才行。

不过，并不见得只有这个办法。在今天这样多样化的环境中，与其将原理、原则统一化，不如允许个别与原理相异的东西共存，这样的想法或许更受欢迎。“中空均衡结构”的CEO，从表面上看来好像什么也没做，但也可以说，巧妙地采取了多样化思考的平衡之道。

我觉得这次讲座非常有意义之处是，参加者能够非常自由地发言，并没有偏向某一方，对于中空均衡和中心统合这两种结构，可以针对各自的优点、缺点一一探讨。

结论是，互相矛盾的两种结构要如何分别使用呢？这就是CEO的任务了，要认清困难并继续努力。

其实，背后似乎有人在说“别说得那么难，所谓CEO只不过是一个老头子而已”。

练习告别

人类在想做一点不寻常的事情时，必须练习才行。我记得以前在受邀参加日本全国高中综合文化节的时候，曾看见准备第一个出场致辞的女生在舞台后方，站在老师前面认真练习的模样，心里觉得有点好笑。

虽说不过一次而已，但要在从全国各地聚集而来的高中生面前致辞，当然要练习，指导老师也很热心。如果不是致辞，而是参加运动大会的话，选手们更不知道要重复练习多少次。

然而，什么叫作“练习告别”呢？这是赵炳华的《一边练习告别》一诗中的用语。让我引用一下诗的开头部分：

一边练习告别一边活下去，
一边练习离去一边活下去，
彼此已经没时间了，
但这就是人生。
来到这世间不能不知道的，
是（离去）。

看过这个你应该可以知道，所谓“练习告别”就是在我们要离开这个世间时的“练习”。“因为时限似乎快到了，所以还是要赶快练习才行”，诗人这样说。在这样重要的时刻不练习的话，会完全不知所措。这首诗最后是这样结束的：

人生是人类的老巢，
啊，我们彼此一边准备，
最后的告别语，一边活下去。

这首诗引自最近出版的谷川俊太郎编的《祝魂歌》。关于这本书编辑的用意，编者在“后记”中这样叙述：

在不同的文化、不同的时代，对死有不同的看待方式。在现代的日本，死是黑暗的、忌讳的，这种感觉很强烈。不过我自己因为年龄的增长，感觉死已经不再是停止不动的，我开始想到那前面可能还有什么。而且，可能有灵魂会从身体解放出来，每个人内心深处都知道这个。

在这样的意图下，这里收录了许多令谷川俊太郎动容的诗。

最前面也刊载了我最喜欢的美国普艾布罗印地安族长老的话“今天是最适合死的好日子”，感觉非常符合我的意思。这真的是经过“告别练习”磨炼后的人说出的告别语。现代人都忙着去做其他各种一点都不重要的练习或准备上场，并不会练习告别。

这本诗集中的每一篇作品都打动人心，让人想做“告别练习”。有人说“心里好像有许多放不下的东西，但自己也不知道那放不下的东西是什么”；也有人说“只有‘再见’是人生”。

各位读了这个，要不要也稍微“练习”一下。

顺流撑船

文化厅最近发布了关于日本人国语调查的结果，这引起了各种话题。其中一个引人注意的特征是，以前使用的惯用句，现在很多人已经不知道，或需要以相反的意思来解读。

其中，对“顺流撑船”的误解程度最严重。本来“搭上趋势，使事情发展更顺利的行为”是顺水推舟的正确意思，但答对的人只有12.4%。

相对的，回答成“违逆趋势，而失去做某件事情的有利机会的行为”的人，居然占63.6%之多。不明白意思的人占21.4%。

这与现在看得见人划船的情形已经逐渐减少也有关

系，所以才会出现这样的结果吧。这么一来，可能也不明白出现在夏目漱石的《草枕》中的名回“情海中撑船随波逐流”是什么意思了。

这是从调查结果联想到的，我想或许正如误解这句话的意思那样，很多人本来要搭上或准备搭上当时的潮流，但实际上却做了与潮流相反的事。

当然，其中可能有人不违抗当时的潮流或倾向就不爽，不过也有人不是这样，本来想“顺着潮流撑船”，却不小心往相反方向撑了。

有这种倾向的人，在人生中总是难免遇到各种挫折。而且，往往会来找像我这样的心理医师感叹一些事情。

“那时候，如果那样做就好了。”

“还是做了傻事。”

感叹个不停。不知不觉间，会开始批评那些巧妙“搭上潮流”顺水推舟的人，说他们“真是无聊的人”。

人生复杂而不可解。如果要在尊重自己个性的前提下活着的话，当然会遇到各种障碍和挫折。能够微笑着、顺顺利利地“顺流撑船”地活着，就是没有个性，要不然就是狡猾地活着。

很多遇到挫折的人到我这里来，他们终于克服困难找回自己的人生意义，因此我也难免和这些人同调起来，往往会觉得“顺流撑船”活着的人有点轻薄。

然而，人生经历渐渐丰富之后，在接受过许多人的约谈之后，开始想到事情并没有这么简单。在别人看来笑口常开、顺顺利利的人，可能只是那个人“个性”的反映，其实后来才知道他们也遇到了不少辛劳和悲哀的事情。

人有各种各样的个性。有人习惯顺流撑船，有人喜欢逆流撑船，不知不觉间就会去抗拒潮流。各自只要看清自己的个性，能够明白个性所带来的辛苦和快乐的话，就不会再去羡慕别人。

家庭交响曲

第五部分

腐败

夏天是食物容易腐败的季节。由于冰箱已经很普遍，因此现在食物腐败已经不多见了，但在我小的时候，父母为了让食物不腐败，却用了很多心思。虽然似乎也有人使用冰箱，但食物还是腐败了。

然而，表现人心的状态也可以用“腐败”一词，真是耐人寻味。

“他已经腐败了。”

这样说的时候，不只是指难过或失败，而是指无可救药。放任下去，腐败会逐渐恶化，就像食物那样。

确实，腐败一旦开始，就更容易恶化，一点办法都没有。食物一旦开始腐败就停不下来。至于人心又如何呢?

日语有一种说法叫“不贞腐”，这个表达很有趣。不仅是“腐”而已，还有点“改变态度”的意味，好像也含有“别管我”的意味。在腐败的背后含有“愤怒”，有“我为什么这么倒霉”“不管怎么努力，还是变成这样”的心情。

和食物不同的是，心的“腐败”是可以阻止的，甚至逆转的。这就是人类的“心”有趣的地方。话虽如此，当然也没那么简单。

日语的“不贞腐”是赌气的意思，看起来好像很难处理，其实很简单，因为其背后的“愤怒”给人一种拥有负原能量的预感。抱着“不贞腐”态度的人，会有一种“别理我”的愤怒。这愤怒如果能从正面接收下来，再耐心等待的话，愤怒的人心情也会变好。

“别老是臭脾气，做点什么吧。”会是这般回心转意。这时候，有人会忽然“笑”起来。

笑有使事情客观化的力量。“腐”的人无法客观看待自己，只会一味地沉浸在“腐臭”中。如果能随之一笑，自己也可以脱离“腐臭”了。

在这个意义上，某个集团快要“腐败”的时候，为了脱离这种状态，全体人员可以大肆胡闹一番，像这样的事情往往能以智慧的方式圆满解决。

除了这种胡闹能通用之外，所谓斩断“腐败”的仪式有时也有效。有人很怀疑仪式和去邪这种事情，不过，当人们想要改变当下的某种心理状态时，通常都需要某种“仪式”。就算认为这种集体仪式没有任何意义的人，有时可能也会私下做一些“个人的仪式”，像大扫除、大采购，或出门去旅行。

以我们心理治疗师来说，也会依不同人的不同需要分别帮助他们找到合适的“去腐除臭”仪式。

其实腐败也和发酵相通，有时由于彻底腐败，可能从中得到“美酒”也不一定。不过，这件事暂时说到这里，下次再慢慢说好了。

水清

前面写过“顺流撑船”的情形了，因为当下很多人用这种表达解释相反的情形。自古以来的谚语和惯用句，往往牵涉人们心理的微妙变化，相当有趣。

来找我咨询的人，为了表达自己的状态，有时候会用惯用语，甚至会说出“一直啃着父母的骨头活到现在”的话，让我大吃一惊，倒是很能充分表达出这个人的状况。来这里咨询之后因情况好转而表达感谢的人有时会说：“托先生的福，我也变了一个人。还是360度的转变。”

居然也有这种说法。我真佩服，或许人类不管怎么变，都能领悟到原来的出发点。

就因为这样，我很喜欢谚语。在写“顺流撑船”一文时，为了慎重起见也查过时田昌瑞的《岩波谚语辞典》上的意思。不过辞典有趣的地方是，不管查什么字，都会前前后后顺便也读一些，会灵机一闪，想到什么或发现什么。

这次也在顺便阅读之下，发现了本文题目的“水清”。读者诸君，可知道这后面跟着的是什么吗?

“水清，鱼不栖。”

可能很多人都想到了，我也想到了这个句子。对于这样的说明“人如果太洁癖，反而会被他人敬而远之”点头称是的时候，忽然又看到下面有：“水清则月宿。”这说明：心澄清的人，自然有神佛来保护。

看了忽然觉得很开心。

谚语也有这样矛盾的说法，真有趣。

常见的例子有：“君子不近危险”，相对又有：“不入虎穴，焉得虎子”。很难判断应该冒险，还是不应该。

看到这样的例子，所以有人会说讨厌谚语，或看了让人生气。

“这样岂不是不知道水清比较好，还是不好吗？”

话虽这么说，不过试想，人生中有时候就是有很多矛盾的事情啊。有时，冒险可以成功；而有时，避开危险才是上策。

那么，要说不需要谚语，也太武断了。知道有各种可能性，知道有各种对策，不是可以增加一个人的深度吗？

“水清”的情况并不矛盾，要说“虽然鱼不栖，但月会宿啊”，也解释得通。

是要取“鱼”或取“月”，很难选择。可能是物质性的东西和精神性的东西之间的差异吧。这样想的时候，光是“水清”，就可以消磨享乐一两个小时，谚语还真有趣。

逞威风

人似乎喜欢摆架子逞威风。放眼一看，到处都是威风凛凛的人。我心想，有什么值得神气的呢？但因为周围有不少点头哈腰的人正在强化、鼓励这种逞威风的态度，自然增长了逞威风的气势。

虽然如此，就算我想何必这么拼命点头哈腰助长人家的威风气焰呢，结果换一个场合才知道原来点头哈腰的人，却也逞起威风来了。我想点头哈腰的人，一定会在别的场合威风回来，才能取得平衡吧。这似乎可以成为逞威风的第一法则。

说到逞威风，在日本有人说，美国人动不动就逞威风所以令人讨厌。在宴会上第一次见面也会自吹自擂地说

“我会做这个，我做过那个”，毫不掩饰地夸张炫耀自己的本事和才华。当然，美国也有逞威风的人，不过就只简单说“因为美国人爱逞威风，所以我讨厌”，似乎错了。

确实，日本人对于第一次见面的人，不太夸耀自己的能力和才华，反而有很多人经常会说“我什么都不会”。关于这一点，美国人并不是在逞威风，而是在对即使初次见面的人也要传达自己的能力和才华，并通过对彼此“正当的评价”，以明确掌握今后彼此关系应该如何发展。

关于自己，因为是把事实客观、如实地说出来，所以并没有逞威风的意思。

比起他们来，日本人则往往谦虚地表示“我这个人不行”或“我是个一无可取的人”，让对方不得不说“不，不，您是了不起的人”。说起来，其实是有人为了逞威风而刻意到处“泼出”引导的水，做个虚伪的谦虚者，与其这样，或许美国人的清楚表白反而更好。

与其较真逞威风和被逞威风的关系，不如只看普通人与人之间的交往更好。话虽这么说，不过这件事想想就很难。有人甚至炫耀般地大声疾呼“不管我是怎样的人，不管有没有地位或财产，就以人对人的方式来见面吧”。所以，要以人对人地平等交往，其实也不简单。

那么，既然以人对人的方式见面很难，不如事先规定好威风的人和谦卑的人的角色分配，谦卑的人去别的场合扮演威风的角色，岂不是比较轻松。

有人觉得这样真无趣，因此退出威风的角色，安静地活着。看到他们的样子，我想到他们因为自得其乐，拥有自己喜欢的生活，所以不需要对别人哈腰点头，也没工夫去逞威风。

不需要想到别逞威风而是谦虚过日子，只要找到自己真正喜欢又做得很快乐的事情就好了。

健康游老人

我去参加了长野县户隐村举办的“谈话朗读与音乐之夜”聚会。诗人谷川俊太郎先生和岩波书店前总编辑山田馨先生因感念一宿一饭的恩义，而为户隐的吃茶店“灯”组建了“灯的后援会”。因为彼此的友情，我和钢琴家河野美砂子女士也参加了进来。因为实在太有趣了，所以灯的后援会阶段性任务解除，而有了“户隐社”的大型自愿聚会。之后每年举办一次，今年已经是第五次了。

然而，聚会的那天早晨，我翻开《朝日新闻》，居然在上面看到一张谷川先生的照片，名为“风韵”的专栏上登载着一篇题目叫《当不成老爷爷》的文章。

一开头写道“自己没办法当老爷爷真伤脑筋”，谷川先生随后开始介绍他的想法。“表面上看起来已经满脸皱纹，却还一身牛仔裤和T恤衫，和年轻时一样。”他说，这样的话便没办法做一个典型的老爷爷。

不过又以那样的调调说“自己倒也觉得非常顺利地上了年纪”。因为“注意到自然和身体所需要的东西”，因此“开始倾向于素食，也刻意朝着凡事不要想太多的方向去做”。

我们在户隐烤肉，不过谷川先生确实一直只吃蔬菜。“谷川先生吃素吗？”他回答道：“并不是因为什么主义或主张，只是吃着喜欢的东西就变成这样了。”完全一副很自然的样子，真好。而且，看着他这样，发现年轻时的谷川完全不喝酒精类饮品，现在却喝不少啤酒，所以年纪大了越来越有老人的智慧了，真令我佩服。

山田馨先生62岁，可以说正是老人“预备军”。不过从岩波书店退休之后，完全不再做编辑工作，现在竟然开始拜师学习当樵夫，真不简单。而且，关于樵夫的话题很有意思。要把树木往自己希望的方向砍倒还真困难，因为据说并没有所谓樵夫手册之类的东西。各种树木各有不同的砍伐方法，又因树木周围的状况而各有差别。

“砍树时也要尊重它们的个性才行。”“没错没错。”大家也异口同声地赞同，并被山田先生的话所感动。“那么要学成，需要多久呢？”山田先生微笑地回答说：“30年。”我仿佛感觉眼前忽然闪现90岁后终于成为独当一面的樵夫的山田老人，爬上树干正在削除树枝的身影。

我们说着“幸亏自己现在很健朗，但小时候却是多么体弱多病、软弱胆小”，在谈话间想起以前有所谓“健康优良儿”，像我们这样的人干脆称为“健康优老人”好了。

事情演变到这样之后，自己忽然涌起身为文化厅厅长的职业意识，想到不妨接受“健康优老人”的资格认证，认证10年的人由文化厅表扬为“文化高龄者”，由国家支付年金，不过这与其由文化厅来举办，似乎不如当成说谎俱乐部的话题来得更贴切吧。

现场主义

从2003年9月12日到15日，日本教育部在京都大学主办日本心理临床学会。

在约有7 000个会员参加的大型学会上，邀请律师中坊公平先生做专题演讲。在心理临床的实际工作中，有必要对人类的各方面做广泛探讨，因此经常会邀请心理学领域以外的专家做专题演讲。

有关中坊先生应该不需要再介绍吧。他就是在解决森永牛奶糖被放砒霜事件以及濑户内海被倾倒产业废弃物等许多事件时，曾经尽心尽力的人。

中坊先生主张，在从理论和概念思考事情之前，先“去现场”了解更重要。他会亲自到破产公司的工厂去，亲自操作起重机。在森永牛奶糖砒霜事件时，他拜访各个家庭，并住下来和他们的家人谈话，真正去现场体验。演讲中他提到的这些亲身经历真是魄力十足，深深打动了听众的心。

我一边听着“现场主义”，一边想起自己开始从事心理治疗工作之初的事情。因为想在谈论孩子的教育和心理问题之前，应该先接触那些小孩，尽力帮助他们，于是在这种强烈的心愿下，便直接去接触孩子；却常常被人家说“你这样做对做学问毫无帮助”，或“没办法出人头地”之类的话。

遇到这种情况，我会说“就算做不成学问或研究，只要能帮助人就好了”。不过这种学问和研究看似冠冕堂皇却没有用；而真正有所帮助的事却是低级的，不能当成学问或研究。这两者的落差太大，我便设法想弥补这种落差。

后来的努力有了结果，很欣慰我们所做的事在学问和研究上也逐渐被认可了（话虽这么说，但还是有人很抗拒）。

我一边听着中坊先生的话，一边想到了“现场主义”。虽然和前来咨询的人谈了一小时左右，却没有到那个人家里去访问，更不用说住下来一起吃饭、睡觉。就算偶尔极为罕见地去他们家拜访，或一起散步，也是极为稀少的特别情况。那么，岂不是要荒废“现场主义”的美名了？

说真的，在这里我觉得要接触人的“心”实在困难。我们在阅读心理学开山祖师弗洛伊德和荣格的传记时，发现刚开始他们也和患者一起吃住。我得到这样的结论：在处理心理事件时，如果人与人的距离过近，腻在一起反而会徒增混乱和困扰，只想把心里埋藏的事情隐藏得更深。

各位读者可能也有这样的经验，正因为太亲近，反而无法畅谈彼此心里的秘密。

即使是在现场，但“心的现场”却是既微妙又危险的。

明明知道这点，却一边保持适度距离，一边又要不离开“现场”，我想我们的工作困难的地方就在这里。

作战

我喜欢阅读演艺人士的花边报道。虽然和我的领域完全不同，不过我觉得和我的专业领域有一脉相通的地方。总之，因为我的工作与人的生活有关，在对人的理解这一点上会有令我感觉“嗯，有道理”的地方。

我对大学研究生和在学习心理咨询的人也说过，与其读心理学的书，不如去读演艺人士的花边报道，可能会更有用。

我读了竹本住大夫的《说文乐的心》。竹本先生是文乐琉璃说书艺术的国宝级人物，这本书正如书名那样是竹本先生“说”时的笔录。因此，关西腔原原本本地传达过来。真是一本适合“说心事”的书。

不仅说书的细节要十分用心，就连说法上的些微差异也要充分留意到。我一边读，一边经常反省自己在咨询者面前所用的语言以及用语的细节到底要注意到什么程度。

读的过程中有这样的发现：“作战计划不能不预先拟定，但拟得过分有时也会失败，而且有时无法依照计划进行，真是好困难啊。”

看到这样的话，会觉得自己也在做同样的事情，不由得高兴起来。在“好困难啊”的话语中，自己会想“嗯嗯”点头同意，其实心理咨询也“好困难啊”。

的确，我们也会拟定作战计划。不过我感觉“拟得过分而失败”的情况似乎居多。

有一位高中老师，对一位离家出走的高中生做心理辅导。老师在学籍簿上得知这个学生的母亲是继母，便心想学生说不定会说出对继母的不满，甚至愤怒。老师拟定了“作战”计划，打算这样去了解他的这种感情。

学生却怎么也不肯说出来。虽然如此，老师还是耐心地等，后来学生才开始断断续续地说了一点：“老师，我们班上的A同学，会留级吗？”

辅导老师开始焦急起来。

“不用管A同学的事，你自己才会留级呢！”老师忍不住这样说了他。作战计划泡汤，学生总是不提母亲的事，所以老师也生起气来。最后终于问他“你觉得你母亲怎么样”，他只回答“没什么”，就不再说了。

老师不再做辅导，过一阵子之后，才知道原来A同学的母亲也是继母。

虽然不能简单说因为是继母所以有心理问题，但老师的作战计划似乎没有错。不过，学生不可能立刻就提到继母的事，何况被问到自己对继母的感觉。于是他忽然想到A同学，就试着说了A同学的事。

这是说话的顺序问题。可是学生却感觉到辅导老师的焦躁，可能是因此看破了这不是能说真话的对象吧，于是又把心关闭了起来。

毕竟还是“好困难啊”。

拧

“拧”（tuneru）这个字在《广辞苑》上的意思是用手指或指甲尖端抓起皮肤用力扭。“tuneru”在日本关西被说成“tumeru”，《广辞苑》上关于拧的意思，还特地写出是从爪（tume）这个字转来的，因此或许“tumeru”更正确也不一定。拧的汉字被写成“抓”，所以我想本来可能是“tumeru”。不过，我在这里并不是主张关西腔更正确。

被用手掌打固然痛，但被拧也很痛。虽然不像前者那么明显，但却很痛，所以会给人阴险的感觉。

某所小学里有位有自闭倾向的一年级学生，虽然能说话，也可以理解别人的谈话，但完全不跟同学讲话，更确切地说是对大家几乎漠不关心。在教室里，也不知道他到底有没有听见老师说的话。他对自己周围的事情几乎完全不关心。

班主任也很伤脑筋，找来学校的辅导老师商量怎么办才好。结果大家认为直接找学生的话，对方可能会因为害怕而远离，所以不要这样做，而应温柔地守护他、接近他。于是大家都这样做，也能感觉到自闭的学生渐渐地放开了。

对周围显得漠不关心，其实只是表面现象而已。后来才知道，他在一瞬之间就能感觉到很多事情，可能也感觉到了老师的心情。他便开始战战兢兢地主动靠近。

学生能够微妙地感受到老师的态度和心情。班上的同学也不会去欺负这位完全不发一语的学生，因此气氛开始变得亲密起来。

这时候，这个孩子却用力拧了旁边的同学。被拧的同学开始哭起来并向老师告状。老师很伤脑筋，又再去找辅导老师商量。

在这里，“拧”虽然是很笨的表现形式，却是要朋友关心自己的表示，是“转过来看我”的信号。听辅导老师这样说明后，这位老师才恍然大悟。虽然无法用语言表达，这却是自闭的孩子对其他孩子表示关心的方式。

对此不善处理的人会说“拧”也是一件“好事”，所以要被拧的孩子说“你要忍耐，对他要温柔”。这就奇怪了，拧人毕竟是坏事，但是，其中潜在的意义是正面的。

这时候，要明确地说“不可以拧人哦”，但要在心理能够掌握到正面的意义时，让这种感觉被传达给对方。即使那个小孩的行为被否定，但可以感觉到自己的存在被肯定了。这种心理指导继续下去，这个孩子便会停止拧人，开始和朋友说起话来。

虽然同时知道负面和正面的意义，但实际上要如何对应却还是很难。

不仅仅是这个小学而已，我感觉连在霞关地区[①]最近似乎都有这种拧人和被拧的事件。也不能说只有在霞关，事实上，在全日本都不妨做一下“拧人”的研究，其中或许有只有负面的“拧人”也不一定。

① 东京都千代田区内，从樱田门到虎之门一带，为中央政府各厅所在地，尤其是外务省。

天和地

因为人类的平均寿命增加了，所以生涯规划也变得不像以前那么单纯。就以60岁退休来说，退休后还必须再活20年。这种时候，如果还活在过去的延长线上的话，人便会失去活力，也会感觉无聊，结果可能会成为周围人的沉重负担。

最近我在录像带上看到小野田嘉干导演的电影《伊能忠敬：子午线的梦》。老实说，是为了要和加藤刚先生对谈，才临时抱佛脚看的。电影还是应该到电影院看，虽然经常这样说，不过这次却因紧急顾不了那么多，只好看录像带。不过是在电影前正襟危坐，并集中精神从头看到最后，这还稍微说得过去。

看完之后，首先感动的是伊能忠敬的生活方式。在50岁之前以农夫身份脚踏实地度过半生之后，隐居起来热衷于天文学，实现了多年来的梦想，并尝试计算地球的子午线。这真可以说是现代人生活方式的杰出模范！

从子午线的计算开始，又进行土地测量，然后制作地图。正如众所周知的那样，地图覆盖日本国土全境，以当时无法想象的正确程度完成了制作日本地图的伟业。以一介农民的身份，他是如何能够创造出像这样的第二人生的呢？为了解开这个秘密，这部电影成功地拍摄出来，加藤刚先生的演技也巧妙地传达了这样的信息。

伊能忠敬，以当时的说法是以天文学的学者身份而声名渐起的。对应他的生活方式，有另一个人在这部电影中不时地在重要场合出现，这个人也是著名的町人[①]学者山片蟠桃。两个人以“学者”互相尊称对方。

不过，这里也出现了决定性的差异。朝向制作地图的目标前进的伊能忠敬，名副其实是赌上性命的。因此，他几乎丧失了生命。町人学者蟠桃却从“有生命的物种”这种町人哲学，建议忠敬不要冒险乱来。

这样的事情重复发生了两次，当真的遇到生命危险

① 町人指住在都市的商人、职人，以与农民和武士区别，在这里指都市的商人学者。

时，蟠桃逼问他：“我是商人，你是何人？”两个人都是世间公认的学者，但是，蟠桃知道这学问的背后有町人之魂在支持着。因此，这样质问忠敬：“你的学问是什么样的灵魂在支撑呢？”

忠敬没有回答这个问题，不过在生死攸关的瞬间，他断言道：“我是农民，耕作土地从土中得到收获的农民。”而且，他领悟到因为爱土地，所以不得不爱天。

电影也描写了高喊着“我们是农民，和星星、地图没有关系”的农民模样。爱土地固然很好，但是，如果只被土地绑住的话，世界就太狭小了。

想要过第二次人生的人，正因为爱土地所以爱天空，必须要经历这样的悖论才行。抬头望着天空，踏遍了日本大地的伊能忠敬的姿态，似乎象征着这个事实。

选择

又到了选举之时。有人已经决定好要选的人选，也有人可能还在思考、犹豫该选谁才好。

关于选择，我想到一件事，这是从幼儿园老师那听到的事情。

在幼儿园，要把小朋友分成两组的时候，与其机械式地分成左边和右边，不如问他们“你喜欢香蕉，还是喜欢苹果”，再分成香蕉组和苹果组。当然有其中一组人会比较多，再从人多的组里用猜拳等方法把几个人移到人少那一组去。

这样做的话，小孩子自然会吵吵闹闹，气氛比单纯左右分组要来得快乐。

当然，这时也可以用巧克力和牛奶糖来分，总之最重要的是要用小朋友可能会喜欢的东西。

可是最近，这样分组的时候，却有很多小朋友说“哪一种都可以”，已经不像以前那么兴奋地吵闹了。真是饱食的时代，选什么都可以了，对东西的“选择”已经不再感兴趣了。

如果认为这件事情很严重的话，就会朝向意义完全相反的“不选”的例子靠近。

小学生上课时，老师会提出因理论上的困惑而不知道怎么办才好，或不得不思考的情况，然后问学生“你们觉得哪一组比较好”，然后根据学生的回答分成两组，让他们讨论哪一组比较好。这是上道德课时常常采用的方法。

孩子在被分成两组的时候，还剩下一个没有被分出去的孩子。为什么呢？对老师这样的发问，这孩子堂堂正正地回答：“因为很难决定。让我再想一想。还有，可以请老师说明得更详细一点吗？”

连我都感到很佩服。人有时候确实会迷惑自己的生活方式该往左或往右。虽然孩子们对老师的问题暂且都能决定答案，不过其中可能也有人感觉没那么容易决定，在来不及深入思考的情况下，只好决定其中之一，“算了，就这边吧”，于是选了其中一边。

然而，竟然有人说“因为不太容易决定，所以请让我想一想”而继续站在中间，真了不起。而且，他还要求知道更详细的内容。就算是我小时候，恐怕也办不到这样吧?

对这个幼儿园的例子，人们可能会说：“最近的孩子，没办法决定事情，变得随随便便了。”不过在接触到后面的例子之后，我会想说：“或许他们确实在思考呢。”

之所以举这样的例子，是因为在选举时不支持任何政党的中间选民人数增加了的关系。最近，不知道为什么，日本社会中中间层的人数多了起来，能从幼儿园中孩子的例子来思考，也蛮有意思的。

家庭交响曲

有人说，管弦乐团可以说是人类想出来的最高杰作之一。确实，100个以上的人各自拿着乐器，依次发出自己那部分的声音，却能整合成一个和谐的声音。有时全体鸣放出巨大的声音，有时忽然安静下来，只听到一种乐器出色地鸣响。

我也被管弦乐团的魅力吸引，虽然学生时代也笨拙地参加过京都大学的管弦乐团，成为团员之一，但现在只是纯粹享受听演奏的乐趣。

前几天去听了大友直人指挥的京都交响乐团的定期演奏，听的是理查德・施特劳斯（Richard Strauss）作曲的《家庭交响曲》。这是一首相当难的曲子，能够听到大友直人指挥的知名演奏，真是非常感动。听众也数度鼓掌，是一场可以感受到和团员心灵交流的美好演奏会。

不过，可能有人会感觉奇怪，在《家庭交响曲》这样的曲名下，到底是什么样的曲子呢？或许可以说是作曲者把自己的家庭描写出来，创作成交响曲，在全世界可能都是唯一的曲子。

曲目分别有父亲（作曲者）、母亲、小孩的主题，各自表现出不同的特征，一目了然。这些人际关系的种种模样，非常巧妙地借着声音被创作出来。儿子在玩游戏，双亲则满足地在旁守望的情景；到了夜晚7点孩子入睡了，母亲在身旁唱着催眠曲的情景；双亲勤勉地工作，到了深夜则开始描写夫妇之爱的情景。

节目表上解说道："这部分的结构巧妙地采取对位法（不是体位）。"文章写得相当洗练。

在最终乐章中，夫妇因为子女的教育问题发生口角争执，最终又和好如初，继续幸福的生活。

听着快乐的演奏，我忽然想到的是，所谓"家庭"或许也是人类所想出来的最高杰作之一吧。在所有动物之中，只有人类才拥有“家庭”。鸟类和哺乳类动物在养育幼子时是夫妇，看得出是亲子关系，但并不会因此就建立“家庭”。这是人类的“发明”。

以最高杰作表现最高杰作，真想说果然是天才作曲家施特劳斯才能办到。不过或许有人会说，要表现“家庭”，何必动用到超过100人组成的大交响乐团呢？但我并不这样想。

听取家庭成员中每个人的想法是我的职业，儿子、女儿的心声，有时就等于交响乐团全部乐器的高声鸣响。他们的话或许很单纯，或许不容易被听到，不过，如果侧耳倾听的话，那背后的声响真的是由许多声音组成的，是很大的音响。而且，在现在的家庭里，彼此所发出的声音，不管有多大声，很可能大多都无法传到对方耳中。

现代的作曲家如果创作关于“家庭”的曲子，不知道会作出什么样的曲子呢？

祈祷

有一个组织叫作日本箱庭疗法[1]学会，这个心理疗法学会正在研究推广以让患者制作箱庭作为治疗的心理疗法。自从我到瑞士学习箱庭疗法并介绍到日本后，这种疗法已经在日本相当普及。

这个学会每年都会选择某个主题做研讨，2004年以“心理疗法和祈祷”为主题举行研讨会，当时我也是参加者之一。

可能有人会感到奇怪，为什么心理疗法与“祈祷”有关呢？为了心的烦恼而来找我们咨询的人，我们总是会想尽各种办法帮助他们。“箱庭”可以说也是其中的一种方法。不过，在实际上用过各种方法，一起烦恼一起思考

① 箱子里放入沙子，配置小树以及陶制的人物、动物、房子、桥、车、船等，让人随意制作庭园、山水，以进行心理治疗，又称“沙游疗法”。

后，最后也会想到只能“祈祷”了。

在想尽办法后，希望祈祷能够“上达天庭”那就太幸运了。甚至想到，或许，心理疗法的根本就在“祈祷”也不一定。

在准备研讨会时，就算自己没有积极寻找，相关的东西也会从四面八方飞来，像雪花形成结晶那样，准备会因此顺利完成。今年的研讨会主题是“水”，因为箱庭中常常用到水。于是，在研讨会举办前，先举行的国民文化节的主题“水”便被我充分利用了。

最近，我到意大利的阿西西的圣方济各教堂参观。那里上演了以日本佛僧明惠上人为主题的日本舞蹈。不得不说这是一次划时代的创举。

我看了许多有关圣方济各教堂的画，其中有很多关于“祈祷”的内容。

其中有一个弟子提出一个问题：“为什么祈祷的时候反而特别容易浮现妄念呢？”这真是有趣的问题。换句话说，我们在闲谈或工作的时候并不会有妄念，反而在祈祷的时候会想一些傻事，或涌出幻想。对这点，圣芳济的高徒之一回答道：“恶魔只在人类想做善事时才会出来妨碍。”在做无聊的事情时他会放过人类，但人类在做祈祷打算行善的时候，恶魔为了妨碍便送来了妄念。

这也很有趣，不过我想到的是，我们在“祈祷”时，心正好处于一种空白状态，平素被压抑的妄念这时却容易产生。因此，为了压制妄念，要集中注意力在“神”的身上，这点很重要。

或像禅的公案那样，设定一个集中注意力的焦点，也是消除妄念的办法。不过，在这里，好不容易出现的妄念，何不珍惜呢？有人可能也有这样的想法。

就把妄念当作妄念珍惜着继续祈祷，妄念会逐渐变化，妄念的背后也可能出现什么。

在阿西西的圣芳济各教堂里，我被这样的妄念所捕获而陷入沉思。

怪毛病

我在著名的解剖学者养老孟司的推荐下，读了奥利弗·萨克斯（Oliver Sacks）所著的所《火星上的人类学家》一书，讲述了脑神经科医生和7位奇怪的患者。这确实是一本很有趣的书。作者是脑神经科医生，他把自己诊疗过的7位患者的事情写了出来。每个人都很有趣，而且都是发人深省的例子，其中介绍到妥瑞氏症候群，让我想到一些事。

所谓妥瑞氏症候群是弗洛伊德的法国朋友、神经学者妥瑞记述的症候，因此这样称呼。症状特征是痉挛性抽动、无意识地模仿别人的言语、动作或发出叫骂等冲动行为。正在走路时会突然跳起来，或忽然喊出“你去死”让周围的人惊讶不已，而患者则痛苦不堪。不过，却怎么也无法停止，患者也不知道为什么会这样。

关于这个，“虽然已经从心理性的、生物性的以及道德性的、社会性的观点来追究原因，但到现在依然没有得到决定性的结论”，奥利弗·萨克斯这样写道。

在这里出现的卡尔·贝内特博士，就是一位一方面受到妥瑞氏症候群困扰，另一方面又是优秀外科医生且受到周围人尊敬的人。奥利弗·萨克斯受这位外科医生之托，观察他正在进行外科手术时的情况，写成了《火星上的人类学家》。

贝内特博士的症状相当严重，即使在开车的时候，也会一直猛摸胡子和眼镜。他会忽然像换了一个人似的发出很大的声音叫道：“嗨，老兄！”“呀，你好！”或“不得了！”，更可怕的是，他家的冰箱门像月球表面般凹凸不平，因为他会把熨斗或锅等重物突然丢过去。

这样的人可以做外科手术吗？这一点，就在萨克斯的亲眼观察之下，贝内特博士做得无可挑剔。在进入手术之前，还会出现冲动性、突发性的动作，但是一开始手术，这些行为就会消失。工作人员甚至说：“从来没有遇到过像博士这样对患者这么温柔的外科医生。”

也许因为贝内特博士自己经常被妥瑞氏症候群烦恼，所以比较容易了解病人的心情吧。他说：“这虽然是奇怪的病……不过我不把这当作病，感觉就像是自己身体的一部分一样。”

我在读这本书时，想到有些伟大和贤能的人，也是有怪毛病的。虽然有时会被人说“如果没有那怪毛病就好了”，不过那也是那个人的“一部分”，不是吗？也可能因此而在某方面取得了巧妙的平衡呢。

贝内特博士不仅是一位深受肯定的外科医生，同时也结了婚过着正常社会人的生活，甚至还可以驾驶私家飞机。能够容许得这种病的人正常生活的社会，宽阔的胸怀也令人敬佩。

我们不要动不动就去挑剔别人的一些小毛病，我感觉因为对人的宽容，社会才能变得更美好。

学老

我到北海道参加了有关小樽的绘本・儿童文学研究中心主办的“学老”文化讲座。因为喜欢儿童文学，又想支援在东京以外的地方举办有意义的活动，基于这样的心情，我每次都会去参加他们的讲座。这次是第八次了，气氛比以前更热烈，我觉得很开心。

这次参会的还有熟识的数学家森毅先生、认知心理学者佐伯先生、诗人工藤直子女士，由中心理事长工藤左千夫先生主持，进行关于“学习”的演讲和研讨会。因为“通过儿童文学做生涯学习”是这个中心一直提倡的宗旨，因此这个研讨会也办得很有意思。

然而，我在这里想说的是，被称为“生涯学习”的实践活动“长笛之宴”，也成为这个研讨会的部分活动之一。

我从58岁开始发愿，要重新开始“学习”学生时代吹过的笨拙长笛，以前也写过这件事。不过由于受我“老后学习”一事的触发，本研讨会参加者佐伯先生也开始学起长笛。本中心的顾问、儿童文学家齐藤惇夫先生也开始学起来。连诗人工藤直子女士也开始学起竖琴。

佐伯先生、齐藤先生也向我的长笛老师佐佐木真学习，因此我们变成了同门师兄弟。

因为这样的关系，在学习的研讨会上示范“老后学习”实例应该非常有意义，因此我们特别恳请佐佐木老师出席，准备由我们4个人的长笛，加上工藤女士的竖琴，来一次合奏表演。

佐佐木老师最近才刚从东京交响乐团的首席长笛手职位退休，61岁。我年纪最大，75岁，其他三位都是介于这中间的年龄。不仅只有高龄而已，除了佐佐木先生之外，其他人也都是上了年纪以后才学的，这是一个特色。

我们演奏了文艺复兴时期英国的一首爱情民谣《绿袖

子》和一些日本童谣等，但要合奏其实很难。指导者佐佐木老师大大地指导了一番。因为我们不是忘了反复，就是吹出了别人的部分，反正是“老来学”的一伙人，要排练起来实在辛苦。

当天在舞台上练习时也直冒冷汗，因为舞台经验少，但等到真正上场时演出表现比彩排练习时要好多了，受到了佐佐木老师的嘉奖。听众也在听了生涯学习的演讲之后，又听到现场实际演出，留下了深刻的印象，真是一次演奏者和听众心灵契合交流的“长笛之宴”。

虽然如此，说到音乐的合奏，居然是一件这么快乐的事情。在“没有余暇去听别人的声音”这样唯我独尊地吹着时，渐渐却能听到别人的演奏，感受到那调和的美感。

所谓老而学这件事，真的很快乐，没有必要说“已经这把年纪了”这句话。只要去挑战，就会有很多门打开。我想我们这些银发族的合奏，或许鼓励了许多人提起勇气去做老而学的事情吧。

任性

从大学退休后已经过了许多岁月，已经很久不再接触学生，因此我试着问后辈的大学老师们：“现在的大学生怎么样？”他们回答：“现在几乎已经没有任性的学生了。”我说：“真遗憾啊。”他们似乎也有同感。

因任性的学生消失而觉得遗憾，我想可能需要说明一下。

所谓任性，是完全忽视年龄和地位的差别，而能坦然表明自己的知识和想法被批评时的用语。在大学的研讨会上，教授说完话之后，问“你们有什么意见”时，不顾学长的感受，年轻的学生就先开始说“老师的想法好像有点奇怪吧”，就算所说的事情很有深意，也会先被劈头骂一句“太任性了”。

意思是说，要稍微看看场合，衡量一下自己的地位之后再说话，要不然有时候甚至会被说成“任性小子”。在公司，因为被上司认定成“这是个任性的家伙”，以后可能就要一直吃亏了。

那么，为什么任性的学生不会因此而伤脑筋呢？因为任性的学生往往有一定见解，很多人后来都会成大器。在我以前服务教职的京都大学，虽然老师对任性的学生面带苦笑，却又有一种尊重他们的风气。

“所谓任性是指什么样的事情呢？”我问前述的大学老师。他说：“不知道怎的就是充满自信。”我认为这想法很有趣。在被说成“任性”的学生中，也有些人会重视自己所处的立场和场合。不过，在莫名奇妙的自信的推波助澜之下，就会冲口说出话来。因此，当时对自己是不是任性的判断会消失，暂时达到忘我的情形。

那莫名其妙冲动起来的东西，潜藏着新的可能性。虽然听的人也觉得莫名其妙，不过却觉得很有趣，就会买这个账。于是，从被视为任性的学生，发展出新的创意。任性的背后，似乎有什么未知的可能性在蠢动。

相比之下，自己的想法是很好，但可能没有人知道，虽然发言很活跃，但有时事情本身其实并没有本人所得意的那样了不起。这就只是纯粹任性的胡说，可以不去理会他。

站在众人之上的人，必须拥有分辨这两种任性的能力才行。单纯地以为任性的人有见地，可能会把对方宠坏而落到不可收拾的地步。

年轻人不再任性了，理由可能是让年轻人反感的权威年长者变少了。那么，年长者变得比较通情达理、年轻人变得不再任性，世界变得一团和气了，不是很好吗？

不过，虽然变和气了，但整体似乎缺少了一点活力，这也很遗憾。

看星星

我去参加了这次文化厅所主办的在东都的国际会馆举行的国际文化大会“文化艺术和科学技术”。在日本，很早就分成文科和理科，彼此对对方的知识知道得太少是缺点，所以文化艺术和科学技术之间应该有各种交流，这也是这次讲座的宗旨。这次会议邀请了具有国际性、跨学术性的演讲者前来，真是一场非常有趣的聚会。

在这里特别介绍几件印象深刻的事情。

这次特别邀请因在夏威夷建立大天文台而闻名的天文学家小平桂一做专题演讲。有一位听众问：“现代科学技术发展之后，宗教力量随之减弱了，你对这件事情有什么想法？”

小平先生说："宗教的情况，说起来有两种。第一种指某种特定宗教，换句话说，自己是某某教的信徒。第二种不属于特定宗教、宗派，但相信有超越自己，以自己的知识无法掌握的伟大力量存在。而且，第二种意思的宗教很重要，如果没有这个的话，最尖端的科学研究可能也会步履维艰。"

躺在野外，抬头望着夜空的星星时，刚开始感觉是自己在看着星星，不久以后，便会感觉到是星星在看着自己，自己是被看着的。他说这段经历非常有意义。

在小平先生所发表的论文里，我们看到他通过在夏威夷的望远镜所拍到的距离100亿光年外的地方的星云照片，令人敬佩现代科学力量的伟大，也让这位科学家深受感动。

换个角度来看，诗人、儿童文学家石田道雄是我久仰的人，他也画画，并且最近出了一本《远方的石田道雄画集》。2003年12月5日，石田先生和谷川俊太郎曾对谈有关画的事情，我因此看了这本画集。画集上也附有诗，下面这首诗让我大吃一惊：

第一颗星星

第一颗星星出来了，
像宇宙的
眼睛那样，
啊！
宇宙
在看着我。

天文学者和诗人看到了同样的东西，拥有同样的感觉，这是一件多么美妙的事情。科学和艺术出乎意料的接近，其中可以感觉到深深的宗教性。

两岁男孩原宽君所作的《第一颗星星》是我最喜欢的诗：

星星
出来一颗，
爸爸
快回家了。

男孩在星星那里看到了父亲的身影。这也非常美妙。

こころの栖止木

后记

本书曾在《朝日周刊》的专栏上连载过。很遗憾因为受到篇幅的限制，不得不割爱10篇文章。要问我该割舍哪篇，我也感到很犹豫，便任凭编辑矢坂美纪子女士从编辑的角度决定取舍。以当时的话题为主题所写的内容已时过境迁，所以拿掉了，以及也有在其他地方谈到同样的部分的事情也拿掉了，请多包涵。

说到文化这件事，因为和心有很大的关系，所以我想一边继续谈文化，一边触及“心”的话题。说到每周刊登一篇文章好像很不简单，但也托文化厅长官这个职务的关系，才能不断地发现可以谈论的话题。因为到日本各地参加他们所举办的文化艺术恳谈会，所以那时候“心的栖止木”专栏常常成为话题，让我感到很高兴。

本书的出版，承蒙朝日新闻社出版本部矢坂美纪子女士的大力支持与照顾，在这里由衷表示感谢。

こころの栖止木

译者后记

河合隼雄：最知心的贵人

一个人一生中难得遇见一位贵人。

然而，对许多人来说，河合隼雄先生可能就是这样一位贵人。因为他帮助了太多人解开心结，消除烦恼，也改变了许多人的想法，甚至命运。

他虽然是一位难得一见的不寻常之人，却总是笑眯眯的和蔼可亲。他像一位仁慈的活菩萨一样，让人在看到他的笑容时，便一切释然。他的“仁心”具有感染力，让人很自然地放松自己，把心交给他。他能串连两个人的心，使人不再孤独。

他气质高贵，学贯东西。无论东方的印度佛教、中国儒学、日本神道，还是西方的数学、哲学、心理学，抑或从古代神话、世界童话、东西方戏剧到现代小说与音乐，他都能深入理解，并且融会贯通。

他不但去过美国留学，而且到瑞士荣格研究所深造，是日本第一位荣格学派的心理分析师，同时虚怀若谷，曾高居日本文化厅长官一职，却没有一点官架子。他经常到日本各地接见各种人，传播知识，推广文化。

他曾以学者身份来到台湾师范大学，做关于箱庭疗法的学术演讲，并主动提出想见几米，因为他很喜欢几米的《微笑的鱼》等作品。

我在台湾师范大学听了他的演讲，内容深入浅出，再加上感染人的幽默感，引起满堂听众一波又一波的笑声。

第二天，他在台北美术馆旁的童话馆和几米见面。在轻松的气氛下一边共进午餐一边轻声谈笑。我有幸陪在旁边听他们对谈，真觉得如沐春风。

之前，我翻译过村上春树的《村上春树去见河合隼雄》一书，这本对谈集让我初步了解了河合先生。之后又读了他和吉本芭娜娜的对谈集《原来如此的对话》，对他的理解也逐渐加深。

2003年，我在日本新宿听了一场由讲谈社主办的河合先生的演讲。演讲厅外的走廊上，摆放着河合先生的所有著作，听众可以现场挑选购买。演讲结束后希望签名的人大排长龙，读者一一走上台，请他签完名后合影留念。我也加入队伍，他在我挑选的新书《青春之梦和游》上签名并加盖印章后，用吸墨纸慎重地压一压，然后抬起头欣然露出慈祥的笑脸，最后又和我合照。

拜读他的著作，从世界童话、奇幻故事、佛教到人的心理，都有不同于常人的独到见解，尤其对人的“心”，从童年到老年，解读得特别透彻。

《心的栖止木》是安住你心的75则心灵处方，原来是《朝日周刊》上的连载专栏，书中提到河合先生以心理咨询师和文化厅长官的身份所亲身经历的许多事情。

每个人或多或少都有一些心事和烦恼，而他从专家的眼光，往往一下就能看透，问题就能迎刃而解。不过他也说过，有些心结需要耗费几年才能慢慢解开。

- 青少年问题。他说，一个人的青春期好比蛹的状态，蛹内正历经巨大的变化，但从蛹外却看不出任何变化，就像一个表面上沉默寡言的少年，其实满腹心事，内心可能正经历着惊涛骇浪的挣扎，却不动声色。不良少年的暴走行为，只是这巨大变革所发散出来的外露表象。少年本性并不坏，只是正在改变，正在发散能量，等度过这段时期就好了。
- 人在有所创新之前，为什么会先退步？因为必须先把僵硬的框架卸除，才可能重新发现或组合新的结构。也就是必须先破坏，才能产生新的创意、新的设计、新的构想。
- 嫉妒是爱的表现呢，还是爱得不够？
- 夫妇吵架对小孩的影响，就像地震一样。家庭内的地震，父母浑然不觉，孩子却敏感地感觉像天崩地裂般可怕。
- 10岁孩子的“自我”忽然觉醒，会有什么现象？父母该如何应对？
- 老年人的自杀率逐年增加，人老之后要如何面对死亡？

河合先生 58 岁时，重新拿起少年时代学过的长笛练习，开始做一个快乐的“健康老人”。

在翻译《大人的友情》时，河合先生不幸病倒，因此继《大人的友情》之后又翻译《心的栖止木》时，不时想到他写作的情景和他的音容笑貌，感觉格外不舍。

本书原书名为《**ココロの**止**まり**木》，通常“心”在日语中和中文一样用汉字的“心”，也用平假名的“**こころ**”，然而本书却采用不常用的片假名“**ココロ**”，可以感受到强调和提醒的用意。因此，读者不要忽视“心”，这个“心”是不寻常、微妙且容易被误解的。虽然如此，但如果知道方法，其实“心”也是可以理解的。就算“心有千千结”“心事无人知”，但“心事”依然是可以“解开”的，烦恼也可以消除。“止**まり**木”是“栖木”，指鸟笼中供鸟栖息的横木。之所以译成“栖止木”，是希望除了栖息之外，还有抓住和安定的感觉。在“知心”之后能掌握自己，理解对方，从而获得安定的力量，正所谓“知己知彼，百战百胜”。

河合先生的文体经常把主语省略，带有传统日文的特有风格。在译成中文时，为了免于混淆，在一些部分会补上主语。

校对时，我又发现一个有趣的现象。就是数字相当多，翻译时记得和原著一样采用了阿拉伯数字，但校对时还是发现仍有一些汉字。

本来在中文里，数字习惯上用汉字表达，有些老师可能也这样教过。但本书情况特殊，因为河合先生自京都大学数学系毕业，毕业后在高中当过数学老师，因此他对数字，尤其是阿拉伯数字应该有特殊的感情，想必也养成了使用阿拉伯数字的习惯。

再说，文章中的数字既是一种文字也是一种符号，阿拉伯数字代表西方文化，具有科技进步的寓意。汉字则给人以东方的、中国的、传统的印象。即使在日文中，使用汉字或阿拉伯数字，也会使文体呈现出不同风格。本书的数字采用阿拉伯数字，相信读者可以感受到河合先生在东西方文化的融合上所呈现的开放和先进的形象。

多年来，河合先生接触过无数的人，在和他们谈“心”之后，他发现了许多发人深省的人生哲学。

他说，人类的“脸”真有意思，没有两个人的脸是完全一样的。同一个人的脸也有惊人的表情变化。“心”又何尝不是呢？

许多这类不同于常人的观点，让人心平气和地感到确实有道理。

未来，属于终身学习者

我这辈子遇到的聪明人（来自各行各业的聪明人）没有不每天阅读的——没有，一个都没有。巴菲特读书之多，我读书之多，可能会让你感到吃惊。孩子们都笑话我。他们觉得我是一本长了两条腿的书。

——查理·芒格

互联网改变了信息连接的方式；指数型技术在迅速颠覆着现有的商业世界；人工智能已经开始抢占人类的工作岗位……

未来，到底需要什么样的人才？

改变命运唯一的策略是你要变成终身学习者。未来世界将不再需要单一的技能型人才，而是需要具备完善的知识结构、极强逻辑思考力和高感知力的复合型人才。优秀的人往往通过阅读建立足够强大的抽象思维能力，获得异于众人的思考和整合能力。未来，将属于终身学习者！而阅读必定和终身学习形影不离。

很多人读书，追求的是干货，寻求的是立刻行之有效的解决方案。其实这是一种留在舒适区的阅读方法。在这个充满不确定性的年代，答案不会简单地出现在书里，因为生活根本就没有标准确切的答案，你也不能期望过去的经验能解决未来的问题。

湛庐阅读APP：与最聪明的人共同进化

有人常常把成本支出的焦点放在书价上，把读完一本书当做阅读的终结。其实不然。

时间是读者付出的最大阅读成本
怎么读是读者面临的最大阅读障碍
“读书破万卷”不仅仅在“万”，更重要的是在“破”！

现在，我们构建了全新的“湛庐阅读”APP。它将成为你“破万卷”的新居所。在这里：

- 不用考虑读什么，你可以便捷找到纸书、有声书和各种声音产品；
- 你可以学会怎么读，你将发现集泛读、通读、精读于一体的阅读解决方案；
- 你会与作者、译者、专家、推荐人和阅读教练相遇，他们是优质思想的发源地；
- 你会与优秀的读者和终身学习者为伍，他们对阅读和学习有着持久的热情和源源不绝的内驱力。

从单一到复合，从知道到精通，从理解到创造，湛庐希望建立一个“与最聪明的人共同进化”的社区，成为人类先进思想交汇的聚集地，共同迎接未来。

与此同时，我们希望能够重新定义你的学习场景，让你随时随地收获有内容、有价值的思想，通过阅读实现终身学习。这是我们的使命和价值。

湛庐阅读APP玩转指南

湛庐阅读APP结构图：

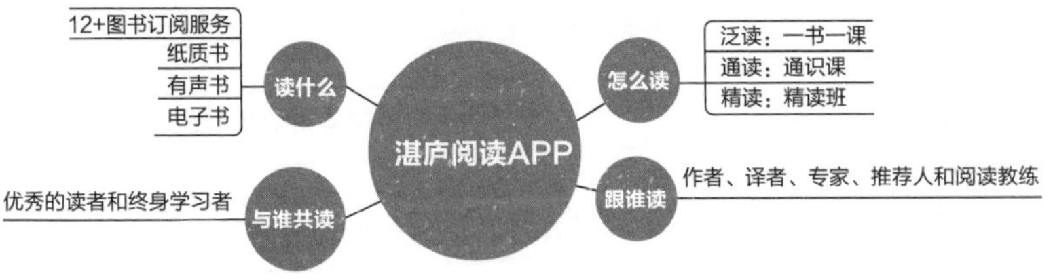

三步玩转湛庐阅读APP：

读一读 ▼

湛庐纸书一站买，
全年好书打包订

听一听 ▼

泛读、通读、精读，
选取适合你的阅读方式

扫一扫 ▼

买书、听书、讲书、
拆书服务，一键获取

APP获取方式：

安卓用户前往各大应用市场、苹果用户前往APP Store
直接下载“湛庐阅读”APP，与最聪明的人共同进化！

使用APP扫一扫功能，遇见书里书外更大的世界！

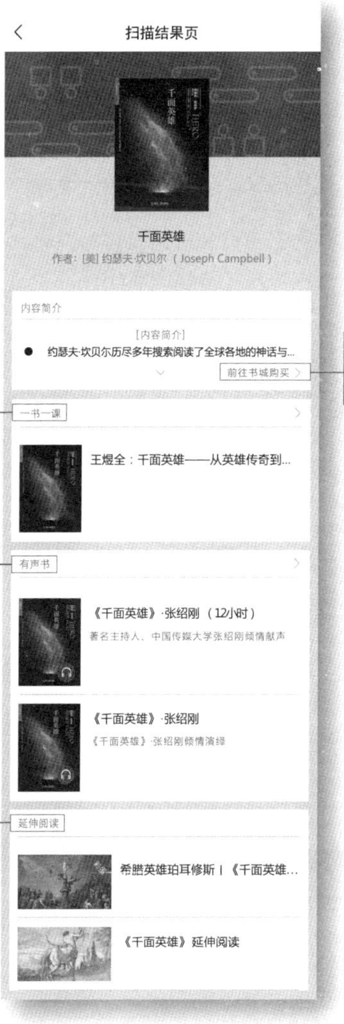

扫描结果页

千面英雄

作者：[美] 约瑟夫·坎贝尔（Joseph Campbell）

内容简介

[内容简介]

约瑟夫·坎贝尔历尽多年搜索阅读了全球各地的神话与...

前往书城购买

快速了解本书内容，
湛庐千册图书一键购买！

一书一课

王煜全：千面英雄——从英雄传奇到...

有声书

《千面英雄》·张绍刚（12小时）

著名主持人、中国传媒大学张绍刚倾情献声

《千面英雄》·张绍刚

《千面英雄》·张绍刚倾情演绎

大咖优质课、
献声朗读全本一键了解，
为你读书、讲书、拆书！

延伸阅读

希腊英雄珀耳修斯 | 《千面英雄...

《千面英雄》延伸阅读

你想知道的彩蛋
和本书更多知识、资讯，
尽在延伸阅读！

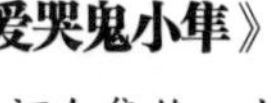

延伸阅读

《爱哭鬼小隼》

◎河合隼雄一生著作高达300余种，这本《爱哭鬼小隼》是河合隼雄的最后遗作。全书共有51幅温馨的淡彩插画，绘本大师几米曾说："我喜欢那细腻恬静的插画。"

◎著名文学翻译家、学者林少华先生，华南师范大学应用心理学系副教授迟毓凯老师，都对《爱哭鬼小隼》青睐有加，专文作序。

《锻炼改造大脑》

◎风靡纽约大学的锻炼健脑新风潮。快速、轻松、有效地打通身心连接，让身体更健康，让头脑更清晰。

◎这是一项关于生活方式如何影响大脑的迷人实验，北京大学神经科学专家纳家勇治，中国运动新风潮引领者田同生、谢頔，知乎健身话题达人 kmlover 联袂推荐。

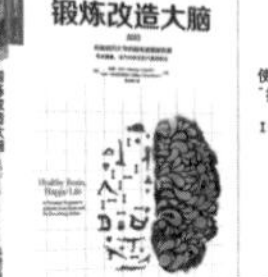

《真实的幸福》

◎在哈佛，这是一堂听课人数最多、最受欢迎的课程，在IBM、通用电气、壳牌、宝洁、谷歌，这是一堂平衡成功事业和幸福人生的必修课。

◎积极心理学之父塞利格曼曾以最高票数当选美国心理协会主席，这是他的"幸福科学五部曲之一"。提升幸福感不可不读的心理学经典。

《活出最乐观的自己》

◎这本书提供了风行全球20年、上百万人受益的乐观学习法。帮助你把有限的时间和精力集中在那些能够改变的特性上，并在此基础上找到一条自我提升的最有效途径。

◎清华大学心理学系系主任，加州大学伯克利分校心理学系终身教授彭凯平倾力推荐。

《教出乐观的孩子》（经典版）

◎积极心理学之父马丁·塞利格曼集30年、千百个成人及儿童研究之精华著成的教育经典。书中重墨提及积极心理教育在学校实践中的成功应用，富有借鉴意义。

◎"心教育经典译丛"由中国教育风云人物孙云晓领衔主编，旨在引进国际最科学、前沿的教育理念，为中国教育及家庭教育注入更为理性科学的思想与方法。CCTV《读书》5期联读的幸福经典系列作品。

图书在版编目（CIP）数据

心的栖止木：河合隼雄谈心灵疗愈 /（日）河合隼雄著；赖明珠译 .—北京：北京联合出版公司，2017.10
（河合隼雄的心灵智慧）
ISBN 978-7-5596-0617-4

Ⅰ.①心 Ⅱ.①河… ②赖… Ⅲ.①心理学-通俗读物.Ⅳ.①B84-49

中国版本图书馆CIP数据核字（2017）第156838号
著作权合同登记号
图字：01-2017-5021

上架指导：心理学 / 心灵疗愈

心的栖止木：河合隼雄谈心灵疗愈

作　　者：[日] 河合隼雄
译　　者：赖明珠
选题策划：湛庐文化 Cheers Publishing
责任编辑：徐秀琴
封面设计：湛庐文化 Cheers Publishing 杨静玉
版式设计：湛庐文化 Cheers Publishing 沈丽君

北京联合出版公司出版
（北京市西城区德外大街 83 号楼 9 层　100088）
河北鹏润印刷有限公司印刷　新华书店经销
字数 155 千字　880 毫米 ×1230 毫米　1/32　9 印张　1 插页
2017 年 10 月第 1 版　2017 年 10 月第 1 次印刷
ISBN 978-7-5596-0617-4
定价：49.90 元